无人飞行编队通信拓扑优化生成及控制

杨秀霞　张毅　罗超　严瑄　于浩　姜子劼　著

北京航空航天大学出版社

内容简介

目前，无人飞行编队在各领域都具有广泛的应用前景。与单个执行任务相比，无人飞行编队具有更大的活动半径，并能根据任务需要形成特定的编队构型，提高任务执行能力。本书给出了编队构型设计方法、最小刚性编队通信拓扑和最小弱刚性编队通信拓扑生成以及编队控制方法。

本书可为无人飞行器自主协同控制、导引及指挥等相关专业的科技工作者提供重要的理论和实际参考，也可作为高等院校相关专业的高年级本科生、研究生和教师的教学参考用书。

图书在版编目(CIP)数据

无人飞行编队通信拓扑优化生成及控制 / 杨秀霞等著. -- 北京 : 北京航空航天大学出版社，2024.8

ISBN 978-7-5124-4346-4

Ⅰ. ①无… Ⅱ. ①杨… Ⅲ. ①无人驾驶飞行—编队飞行—航空通信②无人驾驶飞机—编队飞行—飞行控制 Ⅳ. ①V279②V323.18

中国国家版本馆 CIP 数据核字(2024)第 041779 号

无人飞行编队通信拓扑优化生成及控制

杨秀霞　张毅　罗超　严瑄　于浩　姜子劼　著

策划编辑　董瑞　　责任编辑　董瑞

*

北京航空航天大学出版社出版发行

北京市海淀区学院路37号(邮编100191)　http://www.buaapress.com.cn

发行部电话:(010)82317024　传真:(010)82328026

读者信箱:goodtextbook@126.com　邮购电话:(010)82316936

北京九州迅驰传媒文化有限公司印装　各地书店经销

*

开本:710×1 000　1/16　印张:10　字数:196千字

2024年8月第1版　2024年8月第1次印刷

ISBN 978-7-5124-4346-4　定价:79.00元

前　　言

无人飞行器(Unmanned Aerial Vehicle, UAV)具有响应速度快、通信能力强、可全天候执行任务等优点,在未来许多领域的应用都将越来越广泛。

与单个智能体执行任务相比,无人飞行编队具有更大的活动半径,并能根据任务需要形成特定的编队构型,提高任务执行能力。当飞行器之间有大量相互作用时,合理设计多智能体系统编队通信拓扑可以减少系统的通信能量消耗,降低通信复杂度;在通信拒止环境及深空探测中,采用基于距离的编队控制策略,可以减少多智能体系统对外部通信的依赖,根据相对位置信息就可以完成对编队的控制。如何合理设计无人飞行编队通信拓扑,形成特定编队构型并完成队形重构,已成为亟待解决的问题。因此,本书针对无人飞行编队通信拓扑优化生成及控制问题进行研究。

本书的主要内容如下:

(1) 针对无人飞行编队初始编队队形优化设计问题,提出了优化设计指标,构建了与指标对应的适应度函数,最后利用粒子群优化算法对队形进行了优化。

(2) 针对无人飞行编队执行任务时,由于缺乏目标信息导致无法选择最佳队形的问题,提出了一种基于操作员主观认知的无人飞行器队形选择方法。

(3) 研究了刚性编队通信拓扑优化问题,提出了一种最小刚性编队通信拓扑的网络复杂性评估方法和两种基于 H_2 性能的编队通信拓扑优化生成算法:在最小刚性通信拓扑集中找出网络复杂性最小的编队通信拓扑;通过添加性能要求和感知约束来定义 Henneberg 序列,得到 H_2 性能最优编队通信拓扑生成算法。

(4) 研究了多智能体刚性编队控制问题,给出了基于距离的多智能体刚性编队的单积分和双积分模型,通过在编队队形生成控制律的基础上加入缓冲控制项,设计了通信拓扑切换时的控制律,保证了刚性编队队形的生成以及重构。

(5) 为了进一步减少保持编队刚性所需通信边的数量,研究了考虑相对位移内积的最小弱刚性编队,给出了最小弱刚性编队通信拓扑生成算法。由最小弱刚性的定义给出了最小弱刚性编队的判定条件,并根据该判定条件,通过引入系统 H_2 性能度量,得到了基于 H_2 性能的最小弱刚性编队优化生成算法。

(6) 研究了多智能体弱刚性编队控制问题,分别设计了单积分、双积分模型弱刚性编队生成控制律,证明了控制系统的渐近稳定性,实现了编队队形重构。

(7) 研究了有向拓扑结构下的编队控制问题,提出了一种基于运动参数组的无人飞行编队队形描述方法,解决了现有的队形定义方法在面对旋转、缩放与平移变换过程中无法确定特定的编队队形问题,通过构造编队运动参数组,可唯一地描述与确定时变编队队形;设计了一致性编队控制律,实现了对动态编队队形的精准生成与变换。

本书得到了山东省自然科学基金(ZR2020MF090)的资助。本书内容是作者所在的研究小组多年从事无人飞行器智能控制及导引的研究成果,该研究小组在无人飞行器导航与控制方面的工作卓有成效。

无人飞行编队通信拓扑优化生成与控制是一个不断发展的重要研究方向。本书对无人飞行器系统的研究主要专注于对编队通信拓扑的研究,能实现最优编队的自主生成,而作为全面、实用的系统,还有很多工作要做。希望更多的读者关注这个具有挑战性的研究领域,使相关问题得到进一步研究和解决。

限于作者的学识水平,本书如有缺点和错漏,恳请读者不吝指教。

作　者

2024 年 2 月

目　录

第1章 绪 论

1.1 工程应用背景及意义

随着无人技术的发展,数十个国家已投入大量人力、物力和财力用于无人飞行器的研发与生产,并引发无人飞行器研究的热潮。经过几十年的发展,无人飞行器技术已相对成熟,并在各个领域中发挥了其独特的作用。尽管如此,单架无人飞行器执行任务时仍存在相应的问题,单架无人飞行器可能会受到传感器的角度限制,不能从多个不同方位对目标区域进行观测,当面对大范围搜索任务时,不能有效地覆盖整个任务区域;另外,一旦单架无人飞行器中途出现故障,必须立即中断任务返回。

针对以上现状,多年来人们通过分析生物群体的社会性现象,如模仿群鸟迁徙过程中,其队形保持、节省能量以及协同对抗天敌等能力,来解决目前所关注的问题,其目的是尽可能地发挥单架无人飞行器的作用,实现多无人飞行器协同编队飞行的控制、决策和管理,从而提高无人飞行器完成任务的效率,拓宽无人飞行器使用范围,达到安全、高可靠性地执行等多种任务的目的。

无人飞行编队飞行即将多架同种类或不同种类的无人飞行器按照任务要求的队形进行排列的组织模式,它既包括了编队飞行的队形集结、保持与变换,也包括了队形破坏后的重构。无人飞行编队控制要求多无人飞行器按照期望的几何队形形成编队,同时保持相应的队形来完成指定的任务。一个合适的编队队形能够全面、准确地获取当前时刻的环境信息,并能够有效提高编队的机动性和任务完成能力。

随着社会生产力的急剧提升,人工智能得以迅速发展,无人飞行器的自治性、反应性、预动性和社会性得到提高。自治性是指无人飞行器能够在没有人为操作的情况下自主行动,并且能够按照人们的设想来实现目标;反应性是指无人飞行器能够对周围的刺激做出反应;预动性是指无人飞行器能够根据自身任务采取相应的措施;社会性是指无人飞行器之间能够交流从而形成多无人飞行器系统(Multi-Agent-System,MAS)。对多无人飞行器系统的研究最早起源于对生物群体行为的观察,如图 1-1 所示,候鸟在向南迁徙时通常会以特定的队形进行飞行;很多掠食的鱼类靠声波寻找目标,有些靠气味或生物电流定位,鱼组成鱼群在一定程度上干扰了掠食者对目标的选择;蜜蜂也常常会以群体活动的方式进行采蜜和筑巢,这样对天敌有非常强的震慑作用，自然界中诸如上述的群聚现象非常多。通过自然现象以及试验研究发现，多无人飞行器编队往往能发挥出单个无人飞行器不具备的优势，并且在灭火救援、灾后搜救和工业控制等领域有着重要的应用价值。

图 1-1　群体行为

在编队系统中，无人飞行器之间的某些状态量需要达到一致。由于实际任务的多样性，仅仅达成一致性还不能完全满足实际应用的需求，还需要在队形上获得或保持某种特定的几何形状，例如，机器人除草机野外作业时要保持合理的队形，这样有助于迅速获取信息从而高效地进行除草作业；无人飞行编队保持一定的队形完成搜索、防御等任务。因此在一致性的基础上对多无人飞行编队拓扑结构及相应控制问题的研究同样引起了人们的高度关注。在编队形成的过程中，无人飞行器需要长时间不间断地进行信息交互，这就导致系统耗费大量的能量，同时通信复杂度提高，这样很可能造成网络瘫痪。因而在实现编队目标的同时如何降低系统能耗、减小通信复杂度是需要解决的问题，这给编队通信拓扑优化及其控制研究提供了思路。在编队通信拓扑优化及其控制研究中，刚性编队和弱刚性编队凭借自身能够保持队形不变的优势，发挥无人飞行器间保持连续通信的优点，占据越来越重要的地位。

在通信畅通环境中，单个飞行器的位置是完全可控的，它们之间即使没有信息交流也可以移动到预定的编队位置；但是，一旦发生通信拒止的情况，该系统就会失效。针对该问题，基于距离的编队控制策略显得尤为重要；在基于距离的编队控制中，每个无人飞行器只需要感应到相邻无人飞行器的相对位置，几乎不需要全局信息，即该控制策略在通信不畅通环境下仍可以有效实现编队控制。由于基于距离的编队控制对象的通信拓扑必须是刚性的或者弱刚性的，故降低刚性编队和弱刚性编队通信拓扑的复杂性有利于简化控制器设计；大多数基于距离的编队控制都只是研究了编队生成，生成之后就保持该队形运动；然而在动态环境中，多无人飞行器编队不可能一直保持某种特定的队形不变，例如无人飞行集群在搜索时遇到袭击需要从搜索队形转入防御队形，故研究刚性编队和弱刚性编队的动态拓扑切换具有十分重要的现实意义。并且，随着无人飞行编队面向的任务愈发复杂，保持固定队形的编队已无法适应战场需求，时变编队的研究变得越来越重要。

利用刚性图理论进行编队通信拓扑的优化生成，可降低编队通信拓扑的复杂性，这对减少系统能耗，提高系统的实时性具有重要意义；另外，针对优化后的编队通信拓扑设计编队控制器，使得无人飞行编队能够形成给定的队形和完成队形重构。

1.2 无人飞行编队通信拓扑生成及控制的研究与发展

1.2.1 无人飞行编队协同飞行的研究与发展

1965年美国率先对编队飞行控制系统（Formation Flight Control System, FFCS）进行试验验证，结果表明FFCS对降低飞行员操作难度和提高编队执行任务效率具有重大贡献。1998年，为了进一步研究自动编队飞行技术，美国国家航空航天局（National Aeronautics and Space Administration, NASA）制定了三期的自动编队飞行技术（Autonomous Formation Flight, AFF）开发研究试验计划，该计划中的部分项目已经在波音公司的两架F/A-18科研用机中进行了验证[1]。

美国宾夕法尼亚大学用四旋翼无人飞行器验证了无人飞行编队控制，如图1-2所示。整个多无人飞行器系统具有编队飞行、编队避障、轨迹追踪等功能，且仅需一名操控员就能指挥一群无人飞行器[2]，旨在提高多无人飞行器系统的自主控制能力和协同控制能力，自主编队的混合主动控制（Mixed Initiative Control of Automa-teams，MICA）成功得到美国国防高级研究项目局（Defense Advanced Research Projects Agency, DARPA）的资助，由此包括麻省理工学院、卡内基梅隆大学、华盛顿大学在内的多所相关院校相继对编队控制问题展开深入研究。加州伯克利大学在MICA项目中搭建了无人平台协同控制中心，用于研究多无人飞行器系统的编队飞行、编队避障、编队侦察和包括资源分配、信息共享在内的高层协调控制问题[3]。

美国在2011年发布的《2011—2036无人机系统综合路线图》中明确将无人飞行

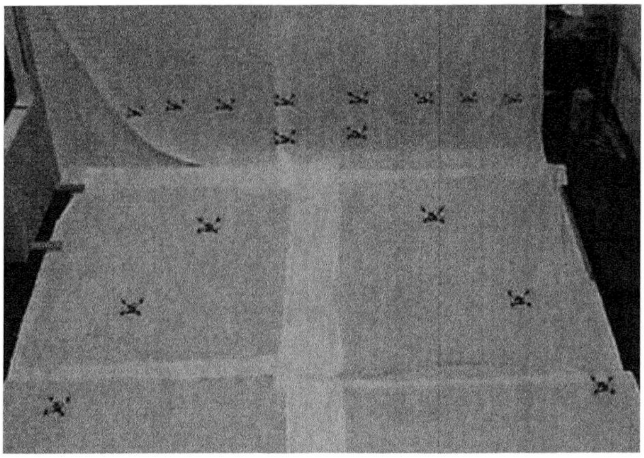

图 1-2 宾夕法尼亚大学四旋翼无人飞行编队测试

编队、有人机-无人机编队技术列为关键技术，并进行重点发展。美国在 2012 年首次实现两架全球鹰无人飞行编队空中自主加油试验。预计到 2025 年左右，实现多无人飞行器系统的完全自主控制，包括自主感知战场环境、自主决策控制[4]。

麻省理工学院教授 Jonathan How 领导的课题组利用四旋翼无人飞行器对 Swarms 健康管理项目进行实物测试，如图 1-3 所示。该项目可使多无人飞行器系统在传感器存放故障情况下实现持久监视和侦察[5]。

图 1-3 Swarms 健康管理项目测试

悉尼大学 ARC 自主系统高级研究中心(Center of Excellence for Autonomous System)在多无人机系统控制领域也取得了丰硕的成果，利用多个小型无人机系统 Brumby MkⅢ平台对分布式信息融合、目标追踪等研究内容进行了实物验证[6]。

国内多无人飞行编队控制研究起步较晚，20 世纪 80 年代南京航空航天大学和西北工业大学等相关高校，对多无人飞行器系统协同展开研究，在无人飞行器分组与分群协同空战等战术决策等方面取得了很好的成果[7]。近年来,西北工业大学无人机研发部门对无人飞行器集群飞行进行了测试,使其能够执行大规模复杂的空中任务。但是总体来看,国内无人飞行编队控制研究时间较短,成果多集中在方法研究和仿真阶段,仅以论文形式展示,且无人飞行器模型理想化,考虑外界环境影响因素少,与实际工程仍有差距。但对于我国在多无人飞行器系统中投入的精力与成本而言,现有成就仍是不错的成绩,随着对多无人飞行器系统的关注度提升,我国多无人飞行器系统编队控制定能厚积薄发,取得令人满意的成果。

1.2.2　无人飞行编队队形结构的研究与发展

无人飞行器的编队飞行是指将多枚无人飞行器按照预定的编队队形飞向目标区域的过程,并要求编队队形能够保持稳定,而且能够根据任务环境进行队形变换[8][9]、任务规划[10][11]等行为。

根据不同的任务需求,要求无人飞行编队采用不同的队形以达到最佳效果[12]。无人飞行编队队形指的是无人飞行器在三维空间中按照一定几何结构的排列。常见的编队队形有横向编队、纵向编队、楔形编队、菱形编队等。不同的编队队形有不同的功能,如楔形编队具有更好的全局搜索与感知能力,纵向编队能够提高队形的隐身能力[13]。在实际飞行过程中,需要依据不同的任务需求、气候环境等因素选择不同的队形。目前,国内专门针对无人飞行编队队形的相关研究还很少,主要还是仅仅将设计好的编队队形应用于无人飞行编队,很显然,这些方法缺乏针对性和创新性。文献[14]将编队中的每架飞机视为刚体,通过图形理论确定编队的形状变量,采用动态节点增广方法实现编队中个体的分离和重聚。文献[15]给出了最邻近目标和最快跟踪目标两种可用编队设计结构。澳大利亚的 A. Lucas 等人分析了不同编队用途(如侦查拍照或搜索营救等),考虑燃油消耗和其他相关条件(如白昼时间)下的多无人飞行器的编队队形结构问题。文献[16]针对持续密集编队无法准确估计单架无人飞行器状态的问题,通过设计编队队形结构使相邻无人机传感器获得状态信息。文献[17]运用仿射原理对多水下自主航行器(Autonomous Underwater Vehicle,AUV)间保持圆形编队情况下的平移、收缩等平面移动问题做了一系列的相关工作。国内方面,文献[18]提出了无人飞行器的两种编队形式——固定编队和自由编队。文献[19]介绍了无人飞行器最基本的两机编队形式,即双机一字编队和双机翼行编队。文献[20]研究了包含任意基础圈结构的最优持久编队的分布式生成算法,但是研究的模型都是比较简单的一阶和二阶模型。文献[21]在假设 AUV 在给定圆形编队的情况下,提出了一种新颖的分布式控制律,该控制律可使得所有个体最终形成并维持期望的环形编队。由此可以看出,国内外对无人飞行编队的构型设计研究还处于起步发展阶段，如何设计出适用于无人飞行编队的队形是亟待解决的问题。

1.2.3　无人飞行编队的队形优化与选择的研究与发展

目前，专门研究无人飞行编队队形选择和优化等问题的理论如下：文献[22]、文献[23]在研究飞行器编队队形优化问题时，以双方的损失比作为目标函数，采用了遗传算法对飞行编队进行优化。大规模编队队形优化是飞行研究的一个重要方面，但对队形优化评估标准还没有建立一种有效的方法。文献[24]对大规模编队进行了优化研究，并构造了适应度函数作为优化评估标准，最后利用自适应遗传算法完成大规模编队协同队形优化。但是由于遗传算法自身固有的缺陷，容易陷入局部最优点，从而使算法失效。为了设计兼顾任务适应能力更强的无人飞行编队队形，文献[25]研究了从编队队形的参数表征方法和参数的性能限制出发，并基于层次分析法、模糊三角数法及工程经验分析了队形参数对协同效能指标的影响，并且利用演化算法对编队队形进行了优化设计。此外，上述方法算法复杂程度高、实时性较差，因此不适用于实际任务。作为队形选择的基础，态势评估对最终任务结果具有十分重要的影响。目前，态势评估算法主要有参量法和非参量法，非参量法便于实时解算，因此受到广泛应用。而势场的概念是将飞行器信息与态势信息相结合，全面、形象地描述出飞行器对飞行区域每一点的影响，进而表现出双方在任务空域中的相互优势，从而克服非参量法模型中态势与飞行器互相孤立的缺点。常一哲[26]等人在引入势场的基础上，利用模糊层次分析法计算出载机与目标间的收益-损失值，最后利用前景理论选取最佳任务队形。

1.2.4　编队通信拓扑的研究与发展

无人飞行编队拓扑复杂多样，且根据信息交互的不同，其拓扑形式也有所不同（见图 1-4）。目前针对无人飞行编队网络拓扑优化问题的研究主要可以归纳为以下三类：

1. 领航-跟随者编队网络拓扑优化

文献[27]和[28]提出了基于 Dikstra 最短路径算法的领航-跟随者编队信息交互拓扑优化算法。首先，使用一个赋权有向图来描述领航-跟随者编队的通信网络拓扑其次，在通信网络拓扑中增加了一个虚拟领航者（Virtual Leader，VL）节点来代表预定的编队参考航迹点，再增加从 VL 节点到所有可以作为编队领航者的无人飞行器的对应节点的出弧，并赋予这些出弧相应的权值。最后，将此问题建模为图论中的最短路径问题（Shortest Path Problem，SPP），即求通信网络拓扑中从 VL 节点到

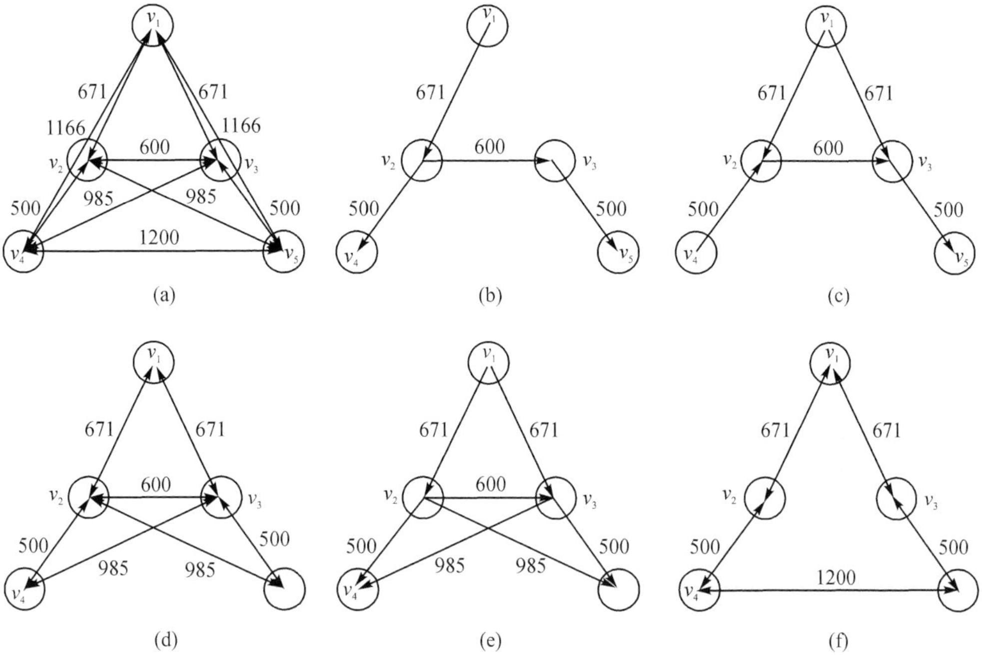

图1-4 队通信网络拓扑和不同信息交互拓扑的示例

每个无人飞行器节点的最短路径，并使用Dijkstra最短路径算法进行求解，算法的时间复杂度为n，其中n为无人飞行器的个数。但此算法的不足之处是：VL节点的出弧的权值难以确定，因为一旦确定了权值，则权值最小的出弧对应的节点所代表的无人飞行器肯定就是最终的编队领航者，从而无法实现自动选择最合适的无人飞行器作为编队领航者得到的信息交互拓扑，只能保证从VL节点到每个无人飞行器节点的通信链路的通信代价最小，但不能保证无人飞行编队的编队通信代价最小。

文献[29]也使用一个赋权有向图来描述领航-跟随者编队的通信网络拓扑，并指定UAV1为编队领航者，然后提出了一种新的领航-跟随者编队信息交互拓扑优化算法，计算得到的信息交互拓扑可以保证领航-跟随者编队保持队形过程中的编队通信代价最小。但此算法的不足是：需要事先指定编队领航者；算法的时间复杂度较高，为$O\left(\frac{(n-1)^3}{2}+n-1\right)$，其中$n$为UAV的个数。

2. 刚性(基于距离)编队网络拓扑优化

刚性编队保持队形的基本思想是：编队中的每个无人飞行器通过与部分邻居无人飞行器进行双向通信以保持和这些邻居无人飞行器之间的距离恒定，当编队的信息交互拓扑为编队的通信网络拓扑的一个刚性图时，可以实现编队队形的保持，这样的编队即被称为刚性编队。

在基于位置的编队控制中,无人飞行器通常有一个全局坐标系,它们需要感知相对于全局坐标系的绝对位置,期望的队形由绝对位置指定,无人飞行器之间不存在通信;与基于位置的编队控制相比,基于位移的编队控制降低了对无人飞行器感知能力的要求,无人飞行器仅需要通过感知其邻居的位移来确保达到期望的队形,无人飞行器的局部坐标系需要与全局坐标系对准,如图 1-5(a)所示;与基于位置和位移的控制相比,基于距离的编队控制对无人飞行器感知能力的要求最低,无人飞行器只需要在其局部坐标系内感知相邻无人飞行器的位置,且无人飞行器局部坐标系的方向不需要彼此对齐,如图 1-5(b)所示;在基于距离的编队控制中,无人飞行器几乎不需要全局信息,只需要通过控制无人飞行器之间的距离来获得或保持期望的队形,无人飞行器之间存在通信并且编队通信拓扑必须是刚性的。综上可知,基于距离的编队控制策略在通信拒止环境及深空探测中仍可发挥作用。

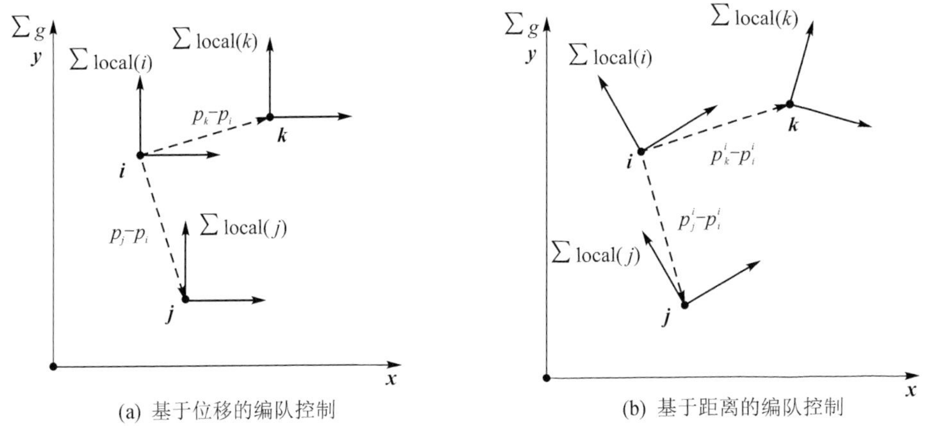

图 1-5　坐标系

文献[30]提出了一种基于距离的局部梯度控制律,该控制律使机器人群稳定在期望的队形上,并给出了系统局部渐近稳定的充分条件。文献[31]主要考虑了四个无人飞行器基于距离的编队控制问题,研究了可能存在的非期望的平衡形态,指出了在某些情况下它们是不稳定的。文献[32]基于刚性图论研究了多无人飞行器系统的分布式编队控制问题,导出了基于距离的编队控制律。文献[33]提出了一种分布式方法来使得一组无人飞行器达到期望的刚性编队,所提出的分布式协同方法可以实现对刚性编队的全局稳定。文献[34]研究了基于距离的编队控制问题,提出了一个分布式的距离控制律,在目标编队是无穷小刚性的情况下,证明了在所提出控制律作用下编队是局部渐近稳定的。在文献[35]中给出了基于梯度的控制策略,以实现刚性编队的形成。文献[36]提出了一种基于距离的具有吸引斥力行为的势函数来简化导航问题,并利用机器人之间的角度信息来简化编队队形。文献[37]研究了基于距离的单积分模型无人飞行器编队控制问题。文献[38]针对双积分模型的多无人飞行器系统,研究了存在领导者的情况下,基于距离的编队跟踪问题;在假设领导者状态已知的前提下,为每个双积分模型跟随者设计了基于距离的分布式控制律,该控制律由三个项组成:梯度函数项、速度一致性项和先导跟踪项;该控制器通过控制距离和速度,使所有的无人飞行器既能达到期望的队形,又能达到与领导者相同的速度,并利用中心流形理论分析了平衡集的局部渐近稳定性。文献[39]研究了基于距离的编队控制律,结果表明这些无人飞行器在相对位置上有任何扰动,控制律都将引导它们渐近地回到期望的队形。文献[40]提出了一种 LFF 型三角编队的控制律,该控制律可使无人飞行器能够避开共线位置;利用所提出的控制律,检验了距离误差的收敛性,以确认能够达到期望队形。文献[41]提出了一种基于距离的领导者-追随者型编队控制策略,在该控制策略下三个无人飞行器组成的编队是全局稳定的。文献[42]将文献[41]中的二维三无人飞行器基于距离的编队控制研究成果推广到三维四无人飞行器等边四面体编队中。

上述研究虽然保证了多无人飞行器编队通信拓扑是刚性的,但是编队中通信边数量必须满足一个最小值。弱刚性编队在保证编队通信拓扑是刚性的基础上可以进一步减小这个最小值,因此基于距离的编队控制对象还可以是弱刚性编队。文献[43]引入了二维空间中框架弱刚度矩阵和无穷小弱刚性的概念,用弱刚度矩阵直接检验框架是否为无穷小弱刚性。文献[44]提出了广义刚性和广义无穷小刚性的概念,并将广义无穷小刚性应用于含有 n 个无人飞行器的编队控制问题上,证明了广义无穷小刚性编队是局部渐近收敛的。

在多无人飞行器编队运动时,遇到突发情况可能需要编队队形进行重构,例如无人飞行集群在搜索时遇到袭击需要从搜索队形转入防御队形。文献[45]提出了基于位置的编队重构控制律,需要给每个无人飞行器分配一个编队重构后的位置,并生成从初始编队位置到重构后编队位置的移动轨迹。文献[46]提出了基于位移的编队重构控制律,选择队形变换的完成时间作为效率衡量指标,对编队重构进行规划,给出队形变换时各无人飞行器的最优位移。文献[47]提出了基于距离的持久编队切换拓扑策略;设计了一个控制律,将初始持久编队切换到期望的持久编队。在考虑编队重构时,大部分文献都只研究了基于位置和基于位移的控制,少数研究了持久编队重构控制问题,没有考虑刚性编队重构的问题。

3. 持久编队网络拓扑优化

持久编队保持队形的基本思想是:在刚性编队的信息交互拓扑的基础上,将其中的双向通信链接简化为单向通信链接,即编队中的每个无人飞行器只通过单向通信链接接收部分邻居无人飞行器的信息以保持与这些邻居无人飞行器之间的距离恒定，当编队的信息交互拓扑为一个持久图时，可以实现编队队形的保持，这样的编队即被称为持久编队。持久编队在保持队形的过程中，需要有一个或多个无人飞行器作为编队领航者，以带领其他无人飞行器在保持队形的同时按照预定的编队参考航迹飞行。

为了降低持久编队的编队通信代价，一些研究者对持久图的理论进行了研究，提出了最小持久编队的概念：如果一个持久编队的信息交互拓扑中的任意一条弧被删除后，都不能继续保持编队的队形，这样的编队则被称为最小持久编队，对应的信息交互拓扑又称为最小持久图。由于最小持久图是在最小刚性图的基础上对边进行有向化得到的，即原有的双向通信链接变成了单向通信链接，因此最小持久编队的编队通信代价相比于最小刚性编队的编队通信代价更低。

针对最小持久编队信息交互拓扑的生成问题，文献[48]提出了从一个二维最小持久图转换到另一个二维最小持久图的图形操作方法，但未给出二维最小持久图的生成算法。文献[49]提出了基于 Pebble game 和图形操作的二维最小持久编队信息交互拓扑的生成算法，但在生成过程中需要不断变化各边的方向，操作比较繁琐。文献[50]提出了一种二维最小持久编队信息交互拓扑的生成算法，但只适用于环形的二维持久编队。

由于最小持久编队只保证无人飞行器之间的通信链接数量最小，而没有考虑不同无人飞行器之间的通信链接的通信代价的不同，因此可以对最小持久编队进行进一步的优化，即根据通信代价的大小为每个通信链接赋予一个权值，然后找出所有最小持久编队中通信链接的权值之和最小值，即得到最优持久编队，对应的信息交互拓扑又称为最优持久图。

针对最优持久编队信息交互拓扑的生成问题，文献[51]提出了基于二维最优刚性图和基础圈的二维最优持久编队信息交互拓扑的分布式生成算法，但该算法只能对基础圈为三角形或部分四边形的二维最优刚性编队进行持久化以生成二维最优持久编队；文献[52]提出了基于二维最优刚性图和四种有向化操作的二维最优持久编队信息交互拓扑的集中式生成算法，该算法可对任意二维最优刚性编队进行持久化以生成二维最优持久编队，但在持久化过程中未考虑无人飞行器之间的能力差异，例如，不同无人飞行器的通信范围不同，只有部分无人飞行器可以作为编队领航者等；文献[53]提出了一种基于三维最优刚性图和五种有向化操作的三维最优持久编队信息交互拓扑的集中式生成算法，该算法可对任意的三维最优刚性编队进行持久化以生成三维最优持久编队，但在持久化过程中也未考虑无人飞行器之间的能力差异。

1.2.5　编队控制的研究与发展

相比于单个无人飞行器而言，集群编队能够综合各个无人飞行器的性能优势，扩大任务范围，提高整个系统的容错性，避免因单个无人飞行器的毁坏而造成任务的失败。编队控制是近些年来热门的研究方向，也产生了许多理论与应用方面的成果，无人飞行编队控制的研究现状可以结合多无人飞行器编队控制的研究现状加以了解。编队控制要求生成并保持期望的队形来执行任务，这其中涉及两个方面的问题，分别是期望编队队形的定义和编队控制的方法。

当前关于如何定义编队几何队形的基本方法主要有基于绝对位置、基于相对位置、基于距离以及基于方位的队形定义方法。在编队控制中存在平移、缩放和旋转变换三种基本的几何变换，因此无人飞行编队的运动能够被理解为这三种变换运动的组合。

当前对于编队控制方法的研究主要有领导者-跟随者（Leader-Follower）法、虚拟结构（Virtual structure）法、基于行为法以及一致性编队控制法，各种方法的详细介绍及综述见 2.3 节。

1.3　本书的主要内容和特色

本书的特点是以“无人飞行器队形设计—通信拓扑生成—编队控制”问题入手，系统地阐述无人飞行编队协同控制相关研究内容，以帮助读者深入了解无人飞行器协同问题，并从关键技术入手，进行分析和研究。以无人飞行编队协同任务执行为主线，详细阐述了协同任务的研究背景和意义，在相关基本原理和理论的框架下，对编队协同的七种关键技术进行了详细描述，包括编队初始队形设计技术、编队任务队形选择技术、最小刚性编队通信拓扑生成技术、刚性编队控制器设计技术、最小弱刚性编队通信拓扑生成技术、弱刚性编队控制器设计技术、时变编队控制技术等，并针对每种关键技术，采用工程应用实例进行了仿真验证。全书共 9 章，主要内容结构安排如下。

第 1 章绪论部分论述本书的工程应用背景及意义，并对无人飞行编队通信拓扑生成及控制相关技术的研究和发展进行综合分析，包括编队协同飞行的研究与发展、编队队形结构的研究与发展、队形优化与选择的研究与发展、编队通信拓扑的研究与发展、编队控制的研究与发展等。

第 2 章介绍通信拓扑优化生成与控制相关的基础知识，包括无人飞行器运动模型、编队基本控制方式、协同网络通信架构、一致性控制方法等。

第 3 章对无人飞行编队初始编队队形进行了优化设计。首先依据态势建立协同效能指标评估体系，在领从模式下，选取领无人飞行器与从无人飞行器的相对距离和角度作为队形参数，并构建了与指标对应的适应度函数，最后利用粒子群优化算法对队形进行了优化。

第 4 章针对无人飞行编队由于缺乏目标信息而无法选择最佳队形的问题，提出了一种基于操作员主观认知的无人飞行器攻击队形选择方法。首先，引入无人飞行器势场的概念，构建了无人飞行器势场模型；然后以红方无人飞行器的各项能力为评估标准，采用模糊层次分析法构建了目标势场模型；最后利用场的叠加原理，对任务空间中双方势场的分布进行了仿真验证。

第 5 章提出了一种最小刚性编队通信拓扑的网络复杂性评估方法和两种基于 H_2 性能的编队通信拓扑优化生成算法。首先，找出多无人飞行器编队的最小刚性通信拓扑集，并建立网络复杂性评价指标，基于此评价指标，在最小刚性通信拓扑集中找出网络复杂性最小的编队通信拓扑；其次，引入衡量系统外部干扰大小的 H_2 性能度量，采用刚度矩阵生成最小刚性编队通信拓扑的方式，得到了基于刚度矩阵的 H_2 性能最优编队通信拓扑生成算法，该算法操作简单，适用于小规模编队的快速生成；然后，通过添加性能要求和感知约束来定义 Henneberg 序列，给出了 H_2 最优顶点增加和边分离操作，得到基于 Henneberg 序列的 H_2 性能最优编队通信拓扑生成算法，该算法计算复杂度小，适用于大规模编队通信拓扑的快速生成，也可用于动态环境下编队通信拓扑的生成；最后，仿真验证了算法的有效性。

第 6 章研究了多无人飞行器刚性编队控制问题。首先，给出了基于距离的多无人飞行器刚性编队的单积分和双积分模型；基于这些模型，设计了编队生成的控制律，并证明了系统的稳定性；通过在编队队形生成控制律的基础上加入缓冲控制项，设计了通信拓扑切换时控制律，实现了编队队形重构，并证明了系统的稳定性；最后，仿真结果表明，所设计的控制器保证了刚性编队的生成及重构。

第 7 章研究了多无人飞行器系统的最小弱刚性编队，给出了最小弱刚性编队通信拓扑生成算法。首先，由最小弱刚性的定义给出了最小弱刚性编队的判定条件。根据判定条件，证明了满足特定要求的生成树是最小弱刚性的，由此得到了最小弱刚性编队通信拓扑生成算法，该算法可用于动态环境下最小弱刚性编队的生成。通过引入系统 H_2 性能度量，得到了基于 H_2 性能的最小弱刚性编队优化生成算法，所得算法维持编队队形所需的信息交互量少于刚性编队。

第 8 章设计了基于距离的多无人飞行器弱刚性编队控制器。首先，根据梯度控制原理，设计了单积分模型弱刚性编队生成控制律，并证明了控制系统的渐近稳定性。然后，根据类梯度控制原理，设计了双积分模型弱刚性编队生成控制律，并证明了控制系统的渐近稳定性；其次，针对拓扑切换控制，通过在弱刚性编队生成控制律的基础上加入缓冲控制项，设计了编队队形重构的控制律，并证明了系统的稳定性；最后，通过仿真验证了控制器设计的有效性。

第9章研究了有向拓扑结构下的编队控制问题，提出一种基于运动参数组的无人飞行编队队形描述方法，解决了现有的队形定义方法在面对旋转、缩放与平移变换过程中无法确定特定的编队队形问题，通过构造编队运动参数组，时变编队队形能够被唯一地描述与确定；设计了一致性编队控制律，实现了对动态编队队形的精准生成与变换。

第 2 章　无人飞行器基础知识

本章主要介绍常见无人飞行器的运动模型、无人飞行编队的基本控制方式及网络通信架构。

2.1　无人飞行器运动模型

2.1.1　坐标系定义

1. 地面坐标系($Oxyz$)

地面坐标系 $Oxyz$ 是与地球表面固连的坐标系,如图 2-1 所示。为描述方便,选择发射点位置的东北天坐标系为地面坐标系,Ox 轴指向东向,Oy 轴指向北向,Oz 轴垂直于其他两轴,构成右手坐标系。

2. 体坐标系($Ax_1y_1z_1$)

体坐标系(见图 2-2)原点 A 取在飞行器质心上(此处把质心当作惯性中心);Ax_1 轴与飞行器纵轴重合,指向头部为正;Ay_1 轴位于飞行器纵向对称面内,与 Ox_1 轴垂直,指向上为正;Az_1 轴垂直于 Ax_1y_1 平面,方向由右手直角坐标系确定。

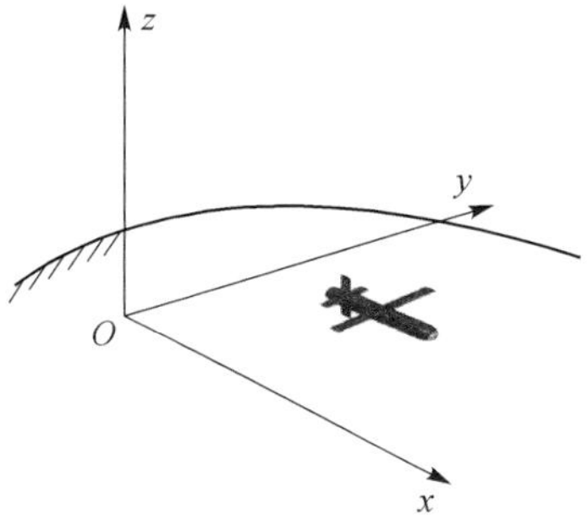

图 2-1　地面坐标系

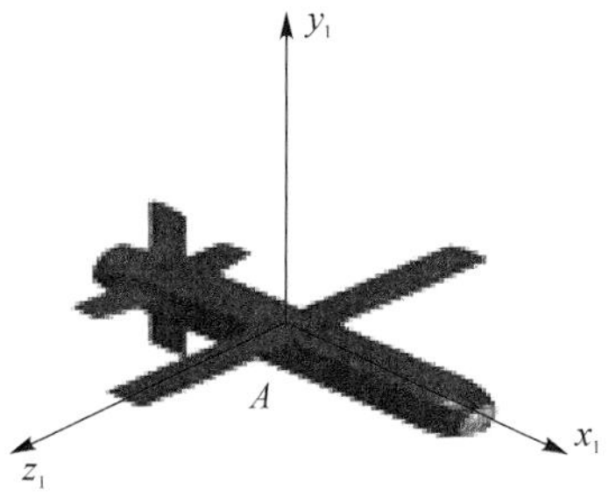

图 2-2　体坐标系

3. 无人飞行器道坐标系($Ax_2y_2z_2$)

无人飞行器道坐标系原点 A 取在飞行器质心上,Ax_2 轴与飞行器速度矢量 $\boldsymbol{V}$ 重合,Ay_2 轴位于包含飞行器速度矢量 V 的铅垂面内垂直于 Ax_2 轴,指向上为正;Az_2

轴垂直于其他两轴并构成右手坐标系。

4. 速度坐标系($Ax_3y_3z_3$)

坐标系原点 A 取在飞行器质心上,Ax_3 轴与飞行器速度矢量 $\mathbf{V}$ 重合,Ay_3 轴位于飞行器纵向对称面内,垂直于 Ax_3 轴,指向上为正;Az_3 轴垂直于其他两轴并构成右手坐标系。

2.1.2 数学模型

首先给出无人飞行器的运动参数定义,然后描述设计二维编队控制律常用的几种模型。

1. 运动参数定义

航迹倾斜角 θ:飞行器速度矢量 $\mathbf{V}$(Ax_2 轴)与水平面间的夹角。速度矢量指向水平面上方,θ 角为正;反之为负。

航向角 ψ_V:飞行器速度矢量 $\mathbf{V}$ 在水平面内投影到地面坐标系 Oy 轴的夹角,又称航迹方位角,逆时针方向为正。

滚转角 γ:体坐标系下 Ay_1 与通过 Ax_1 的铅垂面的夹角,飞行器向右滚转为正。

2. 数学模型

本书主要研究无人飞行器非紧密编队协同控制问题,最为关注编队多个无人飞行器的质心运动(位置、速度和航向角);质心运动属于长周期运动,而飞行器的舵机和无人飞行器体运动为短周期运动,飞行器内部动力学特性相对于大范围空间运动来说是可以忽略的,因而可以对控制回路进行一定程度的简化。许多文献在研究无人飞行器质心运动时采用一阶惯性环节来近似,有的甚至不考虑底层控制器动态特性,即假设能够进行理想跟踪。不失一般性,假设每个无人飞行器底层具有的多个相互解耦的自动驾驶仪能够较快、稳定地跟踪指令,其动态采用一阶惯性环节进行近似,以重点研究编队控制律设计。

考虑到无人飞行编队巡航飞行和目标搜索阶段基本都保持在低空同一高度内飞行,因此可只考虑二维平面内的编队控制问题。在编队控制律设计中,需要根据底层控制器的类型以及编队控制律设计方法来选择合适的编队控制模型。下面给出常用的二维平面内无人飞行器质心非线性运动控制模型,其中速度–航向控制模型和速度–航向角速度模型为通用的非完整系统 2 - D 质心运动简化数学模型,其余为针对 BTT 无人飞行器所建立的 2 - D 质心运动数学模型。

(1) 速度–航向控制模型

最简单的一种模型是假设内回路都有速度保持驾驶仪和航向保持驾驶仪,并采用一阶惯性环节近似其动态。此时,飞行器的质心运动模型为

$$\begin{cases}\dot{x}=V\sin\psi_V\\ \dot{y}=V\cos\psi_V\\ \dot{V}=(V^c-V)/\alpha_V\\ \dot{\psi}_V=(\psi_V^c-\psi_V)/\alpha_{\psi_V}\end{cases}\tag{2-1}$$

式中，$\dot{x}$，$\dot{y}$ 为无人飞行器在地面坐标系内的坐标，$\dot{V}$ 为无人飞行器的速度，ψ_V 为航向角，V^c 为期望速度，ψ_V^c 航向角期望值，α_V 为速度时间常数，α_{ψ_V} 为航向角时间常数。

(2) 速度-航向角速度控制模型

Dubin 模型是由 Dubin 等提出的一种经典简化模型，常作为无人飞行器、无人车辆和水面船舶等非完整系统的二维质点运动学模型。假设无人飞行器底层具有相互解耦的速度和角速度自动驾驶仪，则无人飞行器的质心运动学模型可以描述为

$$\begin{cases}\dot{x}=V\sin\psi_V\\ \dot{y}=V\cos\psi_V\\ \dot{\psi}_V=w\\ \dot{V}=(V^c-V)/\alpha_V\\ \dot{w}=(w^c-w)/\alpha_w\end{cases}\tag{2-2}$$

式中，x，y 为无人飞行器在地面坐标系内的坐标，V 为无人飞行器的速度大小，ψ_V 和 w 分别为飞行器航向角和航向角速度，α_w 为角速度时间常数。

(3) 速度-滚转角控制模型

速度-滚转角控制模型主要针对协调转弯(BTT)飞行器，BTT 无人飞行器机动时，滚动控制系统快速将飞行器的最大升力面偏转到理想的机动方向上。与侧滑转弯(STT)飞行器通过形成侧滑角来获得侧向机动过载不同，它的实质是通过滚转获得任意方向的机动过载，实现无侧滑机动飞行，因此侧滑角非常小。另外，还通过协调控制设计来消除各通道之间的运动学和惯性耦合作用，即在水平面内转弯时，协调控制系统能够使升力在垂直方向上的分量始终与重力相平衡，升力在水平面内的分量形成法向加速度。假设无人飞行器底层具有相互解耦的速度和滚转角自动驾驶仪，则无人飞行器的质心运动学模型可以描述为

$$\begin{cases} \dot{x} = V\sin\psi_V \\ \dot{y} = V\cos\psi_V \\ \dot{\psi}_V = g \cdot \tan\gamma/V \\ \dot{V} = (V^c - V)/\alpha_V \\ \dot{\gamma} = (\gamma^c - \gamma)/\alpha_\gamma \end{cases} \tag{2-3}$$

式中，γ^c 为滚转角指令，α_γ 为滚转角时间常数。

(4) 过载-滚转角控制模型

因为无人飞行器的质心速度主要由过载在速度坐标系 Ax_3 轴上的分量 n_x（切向过载）决定，假设无人飞行器底层具有相互解耦的切向过载和滚转角自动驾驶仪，则无人飞行器的质心运动学模型可以描述为

$$\begin{cases} \dot{x} = V\sin\psi_V \\ \dot{y} = V\cos\psi_V \\ \dot{V} = n_x g \\ \dot{\psi}_V = g \cdot \tan\gamma/V \\ \dot{n}_x = (n_x^c - n_x)/\alpha_{n_x} \\ \dot{\gamma} = (\gamma^c - \gamma)/\alpha_\gamma \end{cases} \tag{2-4}$$

式中，n_x^c 为切向过载指令，α_{n_x} 为切向过载时间常数。

(5) 过载-过载控制模型

在二维平面内，无人飞行器质心运动的动力学方程可用过载矢量在无人飞行器到坐标系 Ax_2 轴和 Az_2 轴上的两个分量来表示。假设无人飞行器底层具有相互解耦的切向过载和法向过载自动驾驶仪，则无人飞行器的质心运动学模型可以描述为

$$\begin{cases} \dot{x} = V\sin\psi_V \\ \dot{y} = V\cos\psi_V \\ \dot{V} = n_x g \\ \dot{\psi}_V = n_z g/V \\ \dot{n}_x = (n_x^c - n_x)/\alpha_{n_x} \\ \dot{n}_z = (n_z^c - n_z)/\alpha_{n_z} \end{cases} \tag{2-5}$$

式中，n_x，n_z，n_x^c，n_z^c 分别为切向过载、法向过载、切向过载指令和法向过载指令；α_{n_x} 和 α_{n_z} 分别为切向过载和法向过载的时间常数。

另外，还有加速度-航向角速度控制模型和地面坐标系加速度控制模型等，这里不再一一列举。

2.2 无人飞行编队基本控制方式

编队的概念受到自然动物行为的启发，例如鸟类群集或鱼类成群结队，在这些行为中，许多动物采用特定的队形来提高群体中个体的存活率。通过模仿动物的编队行为，可以将成群的无人飞行器进行编队部署，完成复杂的任务，提高系统的自主水平。

在20世纪80年代，多机器人编队系统已经成为一个开创性的研究领域。典型的工作包括可重构机器人系统，其中机器人编队的形状可以根据任务要求进行调整。随着技术变得更加成熟，从多机器人系统发展而来的概念为在实际应用中使用多无人飞行器平台铺平了道路，其中一个关键的应用是由无人飞行编队在灾区执行救援任务，以最大限度地缩短勘探时间，降低进一步伤亡的风险。

无人飞行器协同编队控制是近些年来热门的研究方向，产生了许多理论与应用方面的成果，无人飞行编队控制的研究现状可以结合多无人飞行器编队控制的研究现状加以了解。编队控制要求生成并保持期望的队形来执行任务，这涉及两个方面的问题，分别是期望编队队形的定义和编队控制的方法。

当前关于如何定义编队几何队形的基本方法主要有：基于绝对位置、基于相对位置、基于距离以及基于方位的队形定义方法。在编队控制中存在三种基本的几何变换：平移、缩放和旋转变换，因此无人飞行编队的运动可被理解为这三种变换运动的组合。

基于绝对位置的编队队形定义方法需要对无人飞行器的绝对位置进行测量，通过直接利用期望的位置信息来描述期望的几何队形，实现对编队队形定义。基于绝对位置的编队队形定义方法主要应用于静态编队的队形描述。基于相对位置的编队队形定义方法相比于基于绝对信息的队形定义方法条件更灵活，仅仅需要相邻无人飞行器间的相对位置信息即可，无人飞行器间相对位置的不变性能够保证编队的平移变换控制。不同于利用位置信息来定义队形的方法，基于距离的编队队形定义方法仅利用无人飞行器间的距离来刻画特定的几何队形，无人飞行器间距离的不变性可保证编队的平移变换控制与旋转变换控制。基于方位的编队队形定义方法利用无人飞行器间的方位信息来定义编队队形，无人飞行器间方位的不变性可确保编队的平移变换控制与缩放变换控制。

经过多年的编队控制研究，当前多无人飞行器成熟、稳定的编队控制方法大体上分为：领从式(leader-follower)、基于行为法(behavior-based)、虚拟结构法(virtual structure)、一致性理论等。当前的各种编队控制方法有不同的优缺点以及各自的适应环境，下面对主要的编队控制方法进行分析。

领导者-跟随者(Leader-Follower)的编队控制方法(领从式)是当前应用比较广泛的控制策略(见图 2-3)，该方法的基本思路是在无人飞行器群中选取领导者无人飞行器规划编队运动轨迹，而跟随者无人飞行器仅须跟随领导者无人飞行器运动，同时保持期望的编队队形。文献[54]基于领导者-跟随者的编队控制策略，通过采用无人飞行器局部的相对信息，并利用反馈线性化的方法实现了多无人飞行编队控制。文献[55]研究了基于领导者-跟随者的非线性多无人飞行器系统的控制问题，分别针对固定拓扑与切换拓扑结构设计了分布式编队控制器，实现了期望的编队控制。文献[56]研究了多无人飞行编队轨迹跟踪问题，分别通过滑模控制与积分反步法设计了领导者无人飞行器的轨迹跟踪器与编队控制器，加强了系统的抗干扰性，实现了对编队轨迹的跟踪。

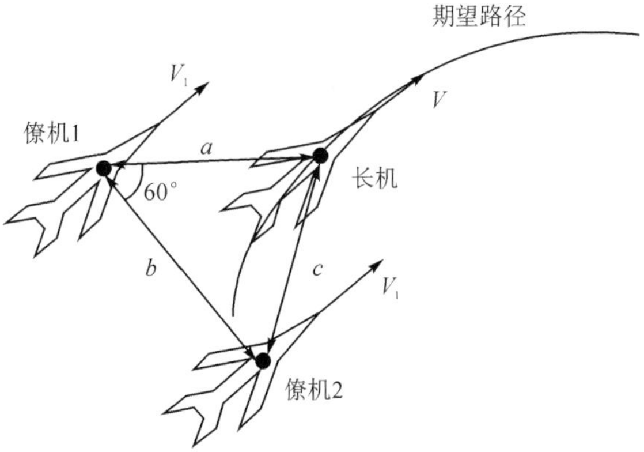

图 2-3　领从式编队模型

随着智能技术的发展，许多学者从提高单架无人飞行器的相关性能来实现相对稳定的无人飞行编队控制技术。文献[57]利用机载视觉相对定位技术，结合领从式方法完成了微型飞行器在室内以及具有挑战性的室外环境的编队飞行。文献[58]提出了一种不需要复杂的通信协议与较高的实时信息处理能力的多无人飞行编队协同控制方法，提高了方法的鲁棒性。

领导者-跟随者的方法易于实现，且理论分析相对容易，但其过度依赖于领导者无人飞行器，且由于领导者无人飞行器控制过于独立，一旦其出现突发状况，将可能导致编队的失控。

虚拟结构的编队控制方法是将期望的编队队形视作一个刚体，将各无人飞行器的期望位置视作虚拟节点，无人飞行器仅须追踪各自的虚拟节点即可实现编队的控制。该方法通常会保留领导者无人飞行器的概念，但因其为虚拟无人飞行器，从而克服了领导者-跟随者方法的缺陷。文献[59]针对多机器人的控制问题，提出了基于虚拟结构的编队控制方法。文献[60]基于虚拟结构的控制策略研究大机动时的队形保持问题，通过采用模型预测控制方法设计编队轨迹跟踪器，降低了队形保持的误差。文献[61]针对虚拟结构法编队控制时没有考虑机间通信的问题，提出了一种虚拟长机状态估计法，设计了具有线性混合器的三通道队形保持控制器，并仿真验证。

虚拟结构法通过对编队误差的反馈提高了控制精度，较好地解决了因领导者无人飞行器出现故障导致的整体编队不能保持的问题，但编队飞行控制的应用范围受限，对于通信以及计算能力要求较高，主要应用于无避障环境下的编队飞行中。

基于行为的编队控制方法是通过赋予每架无人飞行器基本的行为集，例如避碰、避障、队形保持以及目标跟随等，使每个行为都对应相应的控制输入，通过加权的方式决定当前时刻无人飞行器的行为。基于行为的编队方法具有较强的自主性，可有效提高编队对环境的适应能力。

文献[62]研究了候鸟的迁徙特性，基于分布式技术的三维代码建模，设计了同时允许轨迹跟踪和集合队形保持的编队控制器。文献[63]针对三维无人飞行器运动学模型导出了具有微分形转移图的反馈线性技术，利用特征结构分析和 Cholesky 分解，对增益矩阵进行优化，提高了编队飞行的性能。文献[64]通过分析雁群长途迁徙过程中的编队飞行机制，设计了一种仿雁群行为机制的多无人飞行器紧密编队构型及控制方法，并据此提出了一种编队变拓扑重构的方法，实现了编队重构。文献[65]基于鸽群行为机制研究了编队控制问题，分析了编队飞行的仿生机理，设计了编队控制器，使无人飞行器群在复杂情况下能够形成期望的编队队形。

基于行为法具有较强的自主性能，但因其采用加权的方式具有较大的不可预测性，且具体行为难以用数学方法进行描述，导致理论分析难，稳定性难以保证。

基于一致性的编队控制方法基于图论与一致性相关理论，使无人飞行器系统中所有无人飞行器均和一个相同的编队参考维持着一定的向量偏差。该方法采用分布式的通信拓扑结构，可大规模扩展，鲁棒性与实时性较好。

文献[66]研究结果表明，领导者-跟随者、虚拟结构和基于行为法的编队控制方法均能够在一致性编队控制框架下得到统一，即均可视作一致性编队控制方法的特殊情况。文献[67]针对二阶无人飞行器系统提出了一类与状态变量相关的加权一致性算法，该算法提高了编队初始化过程中的避碰性能。实际工程应用中，为提高编队控制的时间效率，文献[68]提出了一种采用分散式模型预测控制和基于一致性理论的协同编队避碰控制策略，并仿真验证了可行性。文献[69]基于一致性算法与人工势场法设计了一种编队控制算法，并利用无人飞行器平台验证了算法的稳定性。文献[70]针对非完整约束的多无人飞行器系统的编队一致性问题，基于系统中机间有限的信息交换，设计了编队控制器。

一致性理论在无人飞行编队控制技术上有良好的适用性，很多专家学者将一致性理论用于工程应用中，取得了丰硕的成果，但一致性理论主要使无人飞行编队的状态一致，针对编队队形变换与编队避障问题适用性较差，单一的编队控制方法很难适应复杂的应用环境，因此不同的学者结合不同方法的优点对编队飞行过程中的问题提出了一些改进的编队控制方法。

2.3　协同网络通信架构

2.3.1　网络拓扑结构

根据组网控制方式的不同，协同网络通信可分为两种控制类型。一种是有中心的集中式控制，这种控制方式取决于提前设置好的网络基础设施。依靠基站和移动交换中心等基础设施支持的蜂窝移动通信系统、基于接入点(access point)和有线骨干模式工作的无线局域网一般都采用集中式控制方式。但有些情况，如灾害后及时的救援活动、学者们在野外考察、在位置偏僻的地方临时举行会议等，不会存在这种预先设置好的固定设施，此时需要一种能够临时、快速、自动组网的移动通信技术。Ad Hoc 网络通信技术由此发展起来。

协同网络通信系统的网络拓扑结构代表了网络的连通性和覆盖性，关系到节点间的通信干扰、路由选择以及转发效率等。如果拓扑结构过于松散，就容易产生网络分区，使网络失去连通性；相反，过于稠密的拓扑易导致不必要的网内干扰，也不利于频谱空间利用。

拓扑控制作为协同网络通信系统的核心技术，其基本思想就是：以确保网络连通为前提，剔除冗余通信链路，优化网络拓扑结构，建立一个高效的协同网络传输系统。因此，协同网络通信系统需要进行拓扑控制，对部署形成的拓扑结构进行裁剪和优化。拓扑控制支撑着整个网络的高效运行，良好的网络拓扑能为数据融合、定位技术以及时间同步奠定基础，能够使网络层路由协议和链路层协议的工作效率得以提高。

在协同网络通信系统中，拓扑控制与优化的意义主要体现在：① 在确保网络连通性的前提下，尽量减小并均衡利用网络节点的功率；② 优化节点间的通信干扰，摒弃低效率的通信链路，提高网络通信效率；③ 为路由协议确定数据的转发节点并为其相邻节点提供支持；④ 弥补失效节点的影响，增强网络的强壮性。

无人飞行器群协同组网是一种用于多无人飞行器及平台数据共享的无线网络，网络拓扑结构会影响系统的顽存性、健壮性，影响网络的数据传输时延及吞吐量，因此无人飞行器群动态组网的网络拓扑结构的设计非常关键。适用于无人飞行器群协同网络的典型的拓扑结构有：分布式拓扑结构（无中心的分布对等方式）、集中式拓扑结构（有中心的集中控制方式），以及混合式拓扑结构（这两种方式的混合）。

1. 分布式拓扑结构

分布式拓扑结构如图 2－4 所示。在分布式对等方式下，网络中的任意两个节点之间不需要中心转接站就可以直接进行通信。这时，网络控制功能由各站分布管理。分布对等方式和 IEEE 802.3 局域网类似，网络中各节点共用一个无线通道，通常使用 CSMA/CA 作为链路接入协议。分布对等方式的特点是：组网灵活、迅速，网络中各节点功能相同，某个节点的故障不会对网络整体的运行产生影响；设计思想简单，且生产、替换和维修也比较方便；适用于网络拓扑的动态变化，网络坚固性和抗毁性强；便于进行网络的自动管理等。但是分布式网络中每个节点都需要对和全网有关的信息进行保存和处理，如果增加了网络节点数，各节点对附加信息的保存和处理的能力就会被约束，所以对于节点数较多的网络很少采用分布式拓扑结构。

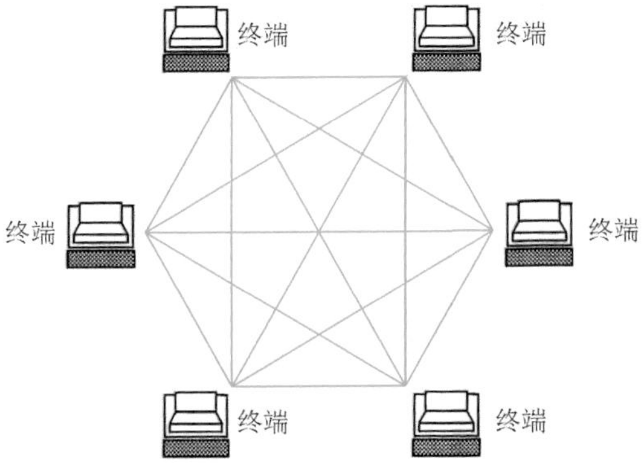

图 2－4　分布式拓扑结构

2. 集中式拓扑结构

集中式拓扑结构如图 2－5 所示。集中式拓扑结构存在一个中心节点，中心节点主要用于接入控制和信道分配，并协调网络中的节点和其他节点之间的通信。集中式拓扑结构可以提高对信道的利用率，具有比分布对等方式网络更优的吞吐性能。但是集中式拓扑结构的中心节点在整个网络中有着举足轻重的地位，且任务量大，如果中心节点出现故障，就会造成整个网络的瘫痪。

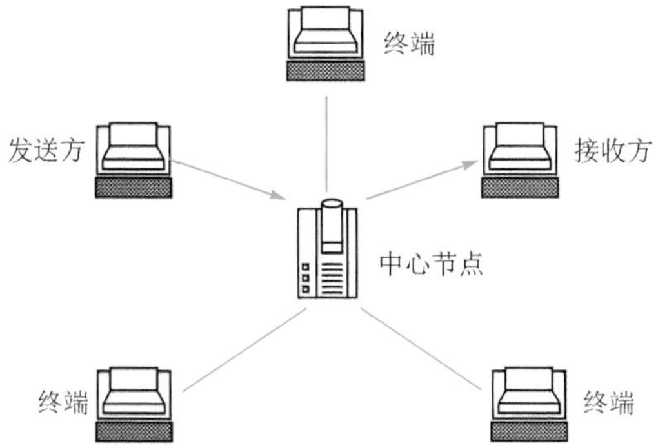

图 2-5　集中式拓扑结构

3. 混合式拓扑结构

混合式拓扑结构则是前两种结构的组合,如图 2-6 所示。混合式拓扑结构有三种类型不同的节点,分别为普通节点、群首节点和中继节点。混合式拓扑结构的网络有多层结构。第一层称为群,是由普通节点组成的,每个群中都有一个群首节点。第二层称为超群,是由各个群的群首组成的,每个超群中都有一个超群首。第三层网络是由超群首组成的,依此类推,能够构造出任意层数的网络。当网络中节点数很多时,采用混合式拓扑结构有利于减少每个节点需要传输和保存的信息量,减轻节点负担。倘若想完成不同群中两个节点之间的双向通信,每个节点只须知道它们所属群中的各节点,它们的超群中的其他群和它们的超超群中的其他超群的有关信息。

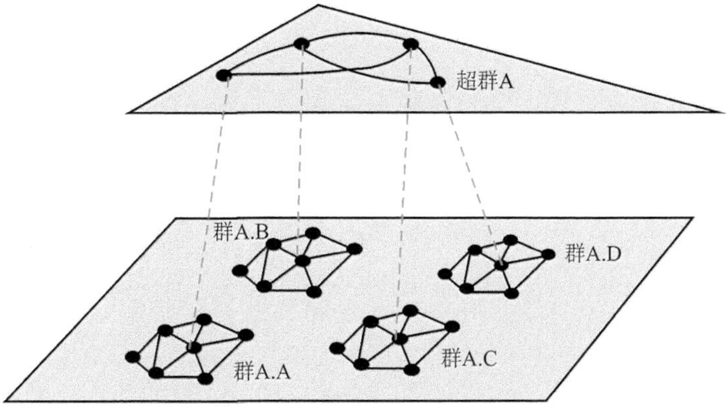

图 2-6　混合式拓扑结构

对于无人飞行器群协同网络系统应用来说,如果采取集中式网络拓扑结构,则网络的健壮性和抗毁性将较差,一旦中心节点被摧毁,整个网络将会瘫痪,即便采取中心节点替换策略,也无法保证节点的切换能够无缝连接。另外,无人飞行器群无线传输信道工作于复杂的任务电磁环境下，链路的状态十分复杂，可能导致备份节点在切换过程中由于被干扰而出现错误，可靠性较低。目前在数据链中，采取的是分布式的网络拓扑结构，网络内各节点地位平等，整个网络的健壮性和灵活性较好，但是正如前面的分析所说，在网络规模扩大，网内节点增多，网内各节点如果需要维护整个网络的路由信息的情况下，其维护的开销将变得很大，对于宝贵的无线信道资源来说，十分浪费。而未来通用无人飞行器群动态协同组网需要考虑多无人飞行器群多子网联合通信协同执行任务场景，可能存在大规模数据链网络的情况，因此初步考虑采取分层分布式网络拓扑结构。在该种拓扑结构中，将同一平台或同一打击任务的无人飞行器划分为1个子网而形成多个子网，同一子网内的无人飞行器采取分布式的拓扑结构，多个子网间通过网关进行互联，将有效降低网络拓扑及路由的实现和维护难度。

在实际应用过程中，可以通过各类平台部署形成密集型网状拓扑结构的方式，进行自组网和编队飞行，并对任务区域进行协同搜索。各无人飞行器可以通过无人飞行器群协同网络通信系统共享自身态势信息，将无人飞行器群网状拓扑区域控制在一定范围内。当无人飞行器分波次执行任务时，会形成多个相距一定距离的无人飞行器群子网，可通过远程数据链的卫星（飞机）中继链路建立星形或树形拓扑，将多个网状子网连接起来，以形成大范围的异构网络。

2.3.2　机间自组网设计方案

无人机集群任务完成的基础是机间信息共享，因此多机必须能够自主建立无线网络。常用的机间自组网设计方案包括分组网络设计和无分组网络设计。其中，分组网络方案根据任务、自身状态及所处集群中的位置选出组首，将集群动态分为若干个组，组首负责协调分配无线信道资源、管理组内成员。该方案可保证信息高效、高质地传输。无分组网络方案以洪泛为基础，通过对其适当优化和改进，提高网络效率。该方案实现简单，对网络拓扑结构变化的适应能力强，控制开销比较小。

1. 基于分组的网络设计方案

首先对集群授时，授时完毕后全网同步，收到指挥中心的组建网络指令或者依据事先设定的程序完成网络的初始化，自主完成无线网络的建立，开始周期性共享数据。

组内通信时，首先组首广播组内成员表，确定组内成员，然后组首依照成员表中成员的顺序轮询成员，直至每个成员广播完毕。在指定的时间间隔内未收到某个节点的报文，则认为该节点脱网，交由下一个节点继续；轮询完毕后，组首收集到所有组内成员的数据，组内通信结束。

组间通信时，组首采用洪泛技术建立路由表。组首根据自身需求查询路由表，建立从源到宿的路由路径。

分组算法将网络分为若干个互不重叠的分组，由组首—组首—…—组首的格式形成虚拟骨干路，进而覆盖整个网络。

网络被划分为互不重叠的分组。每个组中有一个组首，其飞行高度和其他节点一样。组首间构成高一层次的虚拟骨干路，以实现网络的层次化。每个组内的节点之间的通信必须经过本组组首，不同组的组内成员间的通信需要经过一些组首转发实现。

组首管理组内成员，控制对信道的访问，进行路由及带宽分配。如果数据需要全网共享，需要确定路由的源和宿。将组首进一步分为两类：边组首、转发组首。边组首是路由的发起和结束者，其分类方法为：如果组首仅仅直连一个其他组首，则称为边组首；如果组首直连 2 个以上的其他组首，则称为转发组首。覆盖一定区域可连通的节点，必定存在边组首和转发组首。

实现数据的全网共享必须经过多次路由，边组首为路由发起者（源），转发组首为信息转发者。每个组首有一张组成员表和组首表，分别保存组内成员和组首成员，并周期性分发；每个组首维护一张路由表。

为了实现分组路由协议，最重要的是解决分组和组首的选取问题。每一个分组中，由组首指定一个副组首，副组首备份组首拥有的所有信息。一旦组首故障，副组首接任组首并继续管理、维护网络，并根据网络状态，重新指定本组副组首。为减少组间成员通信碰撞，提高网络效率，需要设计组首间协调分配资源的算法。

为了保持拓扑结构的稳定性，使用最少组首改变算法以维持组首的稳定性。

组首广播成员名单，确定组内成员，根据组内成员的请求，协调分配信道资源，并广播资源分配情况。确认后，组内成员按照组首分配的时序依次广播，直到组内所有成员广播完毕。组首接收成员广播并处理（把包括自己数据在内的所有数据按格式打包）存储数据。组内通信完成后，边组首发起路由请求，开始广播；中间组首处于侦听状态，等待来自其他组首的信息。边组首把处理好的数据发送给相邻组首后转入侦听状态，检查组内成员情况并等待其他组首传递的消息。组首查看组首表，记录消息的源头 ID，加入自己的状态信息后，转发给直连的其他组首。转发组首侦听到相邻组首的消息后，接收、存储、处理信息。若该组首为非源边组首，则停止转发；若是转发组首，则转发给相邻的组首；若组首一跳内不可达，则通过组内成员转发。在整个过程中，每个组首只传递一次来自同一源的消息，重复消息直接抛弃。一段时间后，每个组首获取到了整网数据，组首广播整网数据，一个通信周期结束。

MAC层用来处理信道占用，并兼做帧同步和加密操作。发送数据时，MAC首先按规则从网络层接收数据，然后执行媒体访问规程，查看网络是否可以发送；一旦网络可以发送，它将给数据附加上一些控制信息，把数据及控制信息以规定的格式（一般称作帧）送往物理层；接收数据时，MAC层首先从物理层接收数据帧并检查数据帧中的控制信息，从而判断是否发生传输错误，如数据正确，则去掉控制信息后把其送至网络层。

同步MAC协议的效率要高于异步MAC协议。通过卫星授时，编队网络能够准确同步，为使用同步MAC协议奠定了基础。应用于同步网络的MAC协议对于时隙的分配方式一般有三种：第一种是中心分配方式，通过一个中心控制点对整个网络的无线资源进行集中分配；第二种是固定分配方式，网络为节点固定分配一定数目的时隙，用于节点间的信息交互；第三种是竞争方式，网络中的节点通过竞争获得信道的使用权。

2. 基于洪泛（无分组）的网络设计方案

洪泛是最简单、最有效的广播算法，但它容易引起广播风暴，效率极低，必须对其改进。一般地说，洪泛可以分为四种，即简单的洪泛、基于概率的算法（包括纯概率算法和基于计数器的算法）、基于面积的算法（包括基于距离的算法和基于位置的算法）以及基于邻居信息的算法。从这四大类算法中又选出五种具有代表性的算法：洪泛、基于计数器的算法、基于位置的算法和两种基于邻居信息的算法SBA和AHBP。简单的洪泛，效率太低。基于距离和位置的算法需要GPS（全球定位系统）的支持，对移动节点的要求较高。基于邻居的算法则需要定期发送hello消息维护邻居信息，该类算法只适合于静态网络或者移动性较低的网络，而在移动性较大的网络中很难以较低的代价及时获取精确的邻居信息，故不适用于移动性较强的网络。基于计数器的算法，由于其简单性，不要求维护邻居信息，效率又远高于简单的洪泛，非常适合在移动自组网中应用。

基于洪泛的路由协议能够方便地实现全网信息共享，控制开销小，网络流量分布平均，组网速度快，基于TD的MAC层协议效率高。该方案的主要优点在于：算法简单，易于实现；网络的稳健性强，可快速适应拓扑结构变化；时延小；节点分布式计算，将计算量分布在各个节点；业务量分布均匀。该方案的缺点在于：卫星通信节点不易确定；可能需要根据拓扑结构变化调整网络参数；不能保证所有节点正确收到消息。

2.3.3 链路层接入控制

在无人飞行器群协同网络通信系统中，为了完成无人飞行器群间的信息交换，需要多个无人飞行器组成无线网络进行信息的相互传输。由于无线信道具有广播特性，网络中任意节点发送的无线信号都能被其通信范围内的其他节点接收，如果邻近范围内有两个以上的节点同时发送无线信号，就有可能在接收节点处发生信号碰撞，导致接收节点无法正确接收发送信息。为此，协同网络通信系统需要引入链路层接入协议，以协调和控制多个节点对共享信道的访问，减少和避免信号冲突，公平、高效地利用有限的信道频谱资源，提高网络的性能。采取哪种链路接入协议需要综合考虑以下因素：① 公平、有效地分享宝贵的带宽资源；② 获得尽可能高的吞吐量；③ 时延尽可能小。一般来说，一个系统选用什么样的链路接入协议还取决于系统中传送业务的特征。按照时间特性的不同，系统中的业务可以分为稳态业务、慢变业务和突发性业务三类。

① 稳态业务。由于每个节点的业务量近似保持恒定，可以将接入信道划分为多个小的正交信道，然后按业务量大小将这些小信道固定分配给接入终端，每个终端可以单独使用分配给自己的信道资源。对接入信道的划分可以是时间上的，如时分多址（TDMA）；也可以是频段上的，如频分多址（FDMA）；还可以是时分和频分的组合等。

② 慢变业务。由于每个节点的业务量随时间缓慢变化，故采用按需分配的方式对信道资源的利用比较充分，称其为请求指定多重存取（demand assigned multiple access，DAMA）。在这种接入方式中，系统从接入信道中划分出一部分专门作为“请求”信道（request channel）。若用户节点需要发送数据，则先通过请求信道向中心控制站发出申请，中心控制站收到该申请后做出响应，按照某种法则给该节点分配一定的接入信道资源。由于采用请求—响应方式，要求中心控制站与节点之间显式或隐式地交换请求控制信息，DAMA 不可避免地引入了信道容量的额外开销，因此不适用于突发性的短消息传输业务。

③ 突发性业务。由于单个节点的业务量和业务速率随时间变化比较大，通信时间短而峰值速率很高，采用前面两种接入方式很难提高信道利用率。这种系统多采用随机接入的方式。例如，完全随机多址接入方式（ALOHA）、载波检测随机接入方式（CSMA）和统计优先级多址接入技术（SPMA）等。在随机接入中，连接在公共信道上的节点都处于平等地位，不存在起中央控制作用的中心控制站，各节点在一定限度内可以独立随机地向公共信道发送数据包，各自都分担一定的控制和管理信道的任务。该方式控制和实现都比较简单，但由于存在随机因素，因此避免不了发送数据包之间的碰撞，这是随机方式固有的竞争性造成的系统特性。

2.3.4　网络层路由协议

路由是由网络层向链路层提供的选择传输路径的服务，是通过路由协议来实现的。路由协议包括两个方面的功能：寻找源节点和目的节点的优化路径；将数据分组沿着优化路径正确转发。

无人飞行器群协同网络通信具有节点间自组织通信、无线通信链路不稳定的特征，网络内的数据传输可以发生在任意节点对之间，因此无人飞行器群协同网络通信路由协议需要结合自身特点进行设计。首先，网络传输的时间、空间特性是不同的；其次，无人飞行器群网络节点数目一般都很大，节点只能获取局部拓扑结构信息，路由协议需要在局部信息的基础上选择合理的路径；另外，无人飞行器群网络拓扑变化频繁，网络的拓扑维护性能也需要重点关注。本节介绍适用于无人飞行器群网络通信的三种经典路由协议。

1. AODV 协议

Ao Hoc 按需距离矢量(Ad Hoc on-demand distance vector，AODV)路由协议是一种按需路由协议。倘若网络拓扑结构改变，AODV 路由协议可以快速收敛，具有断路的自我修复功能，以及计算量小、存储资源消耗小、对网络带宽占用小的特点。AODV 路由协议使用目的节点序列，实现无环路由，并且避免了无穷计数的问题。为了避免单向链路引起的错误操作，AODV 路由协议中增加了一个黑名单选项，用来保存和自己是单向链路的邻居节点。

AODV 中存在三类不同的协议帧，分别是路由请求(route request，RREQ)帧、路由应答(route reply，RREP)帧和路由错误(route error，RERR)帧，其广播的目的节点地址是受限的广播地址 255.255.255.255，广播帧通过采用 IP(internet protocol) 头部的 TTL(time to live)域可以实现对自身传播距离的约束。

路由查找建立过程如图 2-7 所示。N_1 为网络数据分组的源节点，N_7 为网络数据分组的目的节点，若 N_1 节点和 N_7 节点之间已经建立了可以使用的路由，则 AODV 进程便不会运行。如果 N_1 和 N_7 之间没有建立可以使用的路由，则 AODV 进程会开始进行路由查找和构造过程。首先，N_1 节点广播一个包含源节点地址、源节点序列号、目的节点地址、目的节点序列号和跳数等参数的 RREQ 消息，当中间节点 N_2、N_3 和 N_4 收到 RREQ 时，产生或更新至 N 节点的反向路由，如果构造的反向路由中包含 RREQ 所搜寻的可以使用的路由，并且 RREQ 帧没有设置 D 标志，则向上一跳节点回复包含源节点地址、目的节点地址、目的节点序列号、跳数和生存时间等参数的 RREP 消息。RREP 通过中间节点转发后传送至 N 节点；否则中间节点继续广播 RREQ 消息，直至 N_7 节点接收了 RREQ 消息为止。接收了 RREQ 消息的 N_7 节点会回发 RREP，并以中间节点为媒介，将 RREP 传送至源节点 N_1。这就是完整的路由构建过程。RREQ 有多条传播路径，但 RREP 始终沿着中间节点最少的路径(N_1、N_2 和 N_7)从目的节点回传给源节点，也就是说，RREP 通常选取经过中间节点最少的路由。

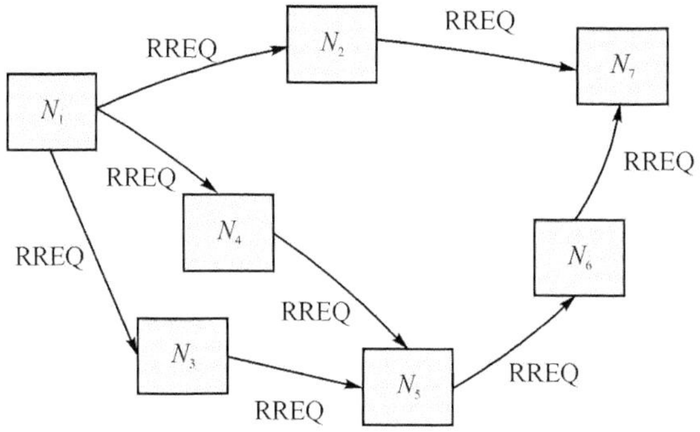

(a) RREQ广播查找过程

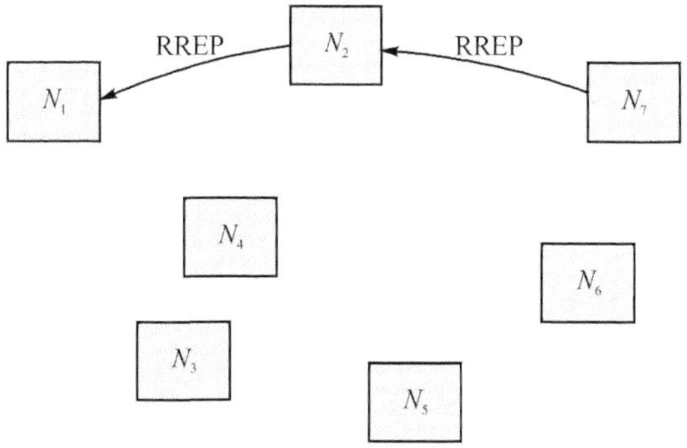

(b) RREP确认建立过程

图 2-7　AODV 路由查找建立过程

路由中的每个节点在构建完路由表项后，都肩负着路由维持、管理路由表的任务。进行路由表管理时，如果路由不需要继续使用，路由中相对应的项就会被节点删除。同时，节点会对一个活动路由中下一跳节点的情况进行监测，如果有链路断开的突发情况，节点就会向其余节点发出 RERR 的信号以便进行路由修复。RERR 消息中明确指出了因为链路断开而无法到达的目的节点。每个节点中都有一个“先驱列表”(precursor list)来帮助完成错误报告，先驱列表中存储了把自己作为到当前不可达节点的下一跳的相邻节点。

AODV 路由表必须包含短期有效的临时路由，比如接收 RREQ 帧的时候建立的临时路由。协议中规定了一个 AODV 路由表表项的结构，对各个结构的作用也进行了详细说明。

2. DSDV 协议

协议-目的节点序列距离矢量协议(destination sequenced distance vector routing, DSDV)是在经典 Bellman-Ford 路由选择算法基础上提出的一种改进算法。它既保留了距离矢量(distance vector,DV)路由算法思想简单、对拓扑变化反应灵敏的优点,也解决了DV算法中存在的循环和无限计数等不足。总体来讲,DSDV算法可以看成一种拓展的DV算法。它的拓展体现在:对每条路径设置了一个序列号;各目的节点会周期性地发出一个偶数且单调递增的序列号;当一个节点发现它到某个目的节点的路径断开时,把到这个节点的距离设为∞,并使断裂路径的序列号加1,使得序列号成为奇数,接着向全网络广播这个更新包。如果断裂的路径得到修复,该路径的序列号会继续加1使序列号重新变为偶数,然后再向全网络进行广播。

在组网阶段,如果网络中增加了新的节点,新节点通过广播宣告自己的存在,邻居节点接收到广播包后会将新节点的信息插入路由表中来构造一个新的路由表,并立即向全网发送这个新的路由表。这样,一段时间过后,每个节点都能够建立一个完整的路由表,路由表中存储了到网络内部所有可能的目的节点的路由。

路由表中包含如下信息:目的地址、下一跳地址、路由跳数(metric)、目的节点的序列号以及路由建立时间、路由稳定时间和稳定数据指针。

3. OLSR 协议

最优链路状态路由(optimized link state routing, OLSR)协议是一种表驱动式优化链路状态的路由协议。它主要采用两种控制消息分组:HELLO分组和TC(topology control)分组。这两种控制消息分组中都包含序列号,节点通过对序列号进行比较,就能够轻易判断控制消息分组是否是最新的,不会受到分组重传的影响。

HELLO分组主要用来构造一个节点的邻居表,报文中可以包括邻居节点的地址以及本节点到邻居节点的延迟或开销,OLSR通过周期性地广播HELLO分组来实现对邻居节点状态的监测。其中,节点之间的无线链路状态包括非对称链路、对称链路、一般链路和失效链路;邻居状态有对称邻居、MPR邻居和非邻居。HELLO分组不能被转发,只可以在一跳的范围内进行广播。

如图2-8所示,在初始化阶段,A的邻居节点B向A发送了一个HELLO分组。接收了这个分组后,A会将B纳入邻居集中,并将A、B之间的链路状态设置为非对称状态;然后,A也会向B传输一个HELLO分组,这个传输的HELLO分组中包括了B是A的非对称状态的邻居节点的信息;接收了这个HELLO分组后,B在自己的邻居集设置A的邻居状态为对称状态;紧接着,如果B继续向A发送HELLO分组,HELLO分组中就包含了A是B的对称状态的邻居节点的信息;收到该HELLO分组后,A会将自己邻居集合中B的状态设置为对称状态。HELLO分组同时也用于各节点向自己的邻居节点广播本节点的多点中继节点(multi point relays, MPR)的选择。因此,完成邻居通告以后,A、B节点会对自身的多点中继节点进行计算,计算之后交互的HELLO分组中就会含有A、B各自的多点中继节点信息。

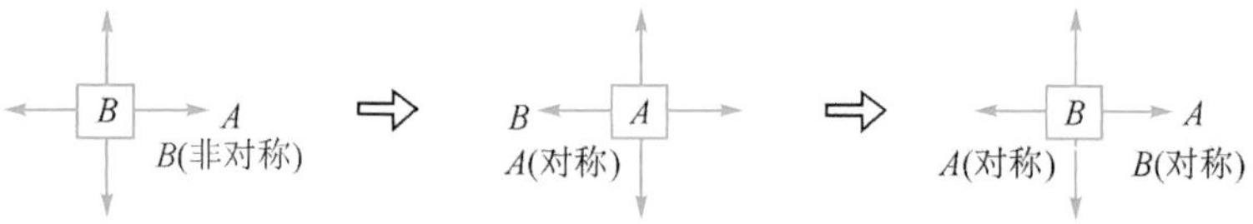

图 2-8　邻居监测

与 HELLO 消息相反,TC 分组必须对全网进行广播。当每个多点中继节点使用 TC 控制消息进行链路状态信息的声明时,只需要对其自身和中继站(MPR)选择节点(MS)之间的链路状态信息进行声明,而无须对它和所有一跳邻居节点之间的链路状态信息进行声明。采用这种声明方式可以极大地减少 TC 控制分组的长度。各节点按照接收到的 TC 分组以及自己的邻居信息对网络的拓扑图进行计算。但是,只有多点中继节点的邻居节点才有资格对 TC 控制消息进行转发。为了将网络中的所有节点串成一张完整的网络拓扑图,必须将包含网络拓扑消息的 TC 分组洪泛到全网,并且还要考虑无线链路带宽的局限性,对广播分组的数量进行限制。OLSR 协议抛弃了传统的链路状态路由协议中的方法(各节点的邻居节点必须要对 TC 分组进行转发),只在节点的所有邻居节点中选择一部分用来对 TC 分组进行转发,选中的邻居节点称为多点中继站。每个节点只会选择一部分自己的一跳邻居节点来当作 MPR,但是被选为 MPR 的邻居节点,和节点自身之间必须是双向对称链路,节点所发送的分组在经过多点中继站转发之后,可以传送到节点所有对称的两条邻居节点,如果可以达到这些条件,MPR 就能对 TC 分组进行转发。OLSR 协议还要求 MPR 的数量尽量少。通过双向对称链路策略形成的路由,避免了数据分组在单向链路上传送时如何获得分组接收确认的问题。

如图 2-9 所示,节点 1 周期性地发送 TC 分组,在 TC 分组中包含了将该节点 1 选为 MPR 的邻居节点地址(称为 MPR 选择节点)。当节点 2、3 收到来自节点 1 的 TC 分组时,首先确认自己是否能作为节点 1 的 MPR,如果两个节点都能作为节点 1 的多点中继站,会再根据 TC 分组的序列号,确认所收到的 TC 分组是不是最新的,MPR 只对最新的 TC 分组进行转发,对过期的 MPR 分组会进行抛弃;如果节点 1 的邻居节点发现自己并不是节点 1 的 MPR,就不会对 TC 分组进行转发。

OLSR 利用 MPR 节点进行选择性洪泛,可以使控制信息洪泛的规模明显减少,所以使用 MPR 节点是为了减少网络中控制信息的转发而采用的一种优化方法。如图 2-10 所示,采用 MPR 机制对路由控制消息进行选择性的洪泛可以使全网中路由控制消息数量显著减少,而网络规模的扩大会更加凸显出 MPR 机制的优势。利用 MPR 的思想可以对 TC 分组在全网的传播规模进行合理的控制,降低控制分组带给全网的负荷,从而可以有效地防止广播风暴的形成。

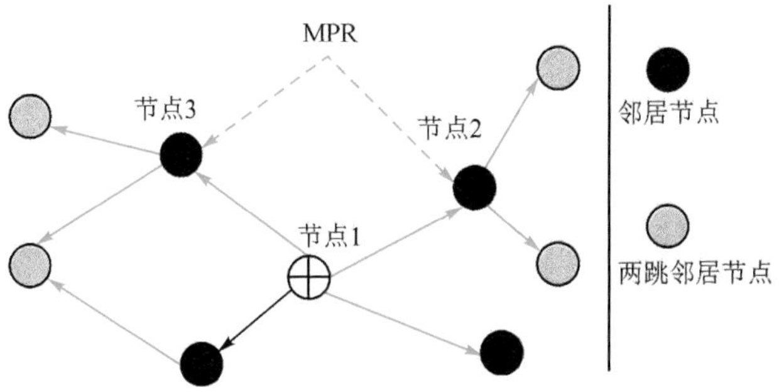

图 2-9　节点的两跳邻居节点和 MPR

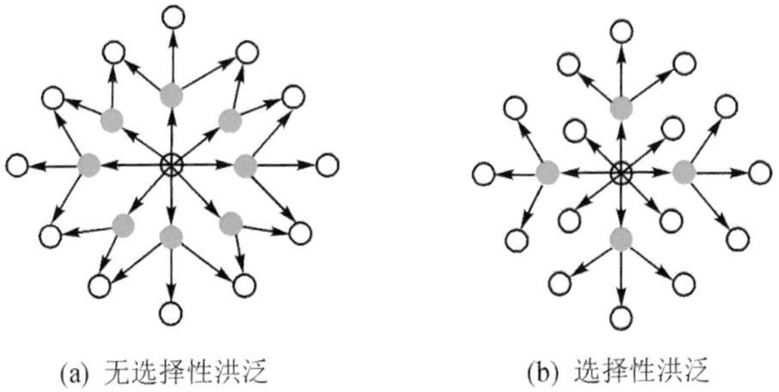

图 2-10　无选择性洪泛和选择性洪泛

OLSR 协议中一个或多个控制消息被封装成数据分组，系统利用用户数据报协议(User Datagram Protocol, UDP)的端口进行通信。根据控制消息，OLSR 协议可以获得路由计算必须采用的邻居表和拓扑表，根据自身的邻居表以及 TC 消息形成的拓扑表，能够了解当前网络的拓扑结构；但是由于 MPR 节点转发的 TC 消息并没有包含所有一跳邻居信息，使得这种了解是大致的。在这个拓扑认识上，利用有向图上的 Dijkstra 最短路径算法，节点能够完成对自身本时刻路由表的计算。

2.4　一致性控制

一致性控制理论的目标是在分布式系统环境中实现数据的强一致性，这意味着所有节点都会看到相同的数据状态，而不会出现冲突或不一致的情况。一致性控制理论通常涉及多个方面的问题，包括数据复制、数据访问、并发控制等。将一致性算法应用到多无人飞行编队控制时，“一致性”指的是系统中，多个无人飞行器的某个或某几个状态在时间上逐渐趋于相同的情况。

2.4.1　理论概述

人们在几十年的研究中，一致性理论研究可分为三个阶段：第一阶段（1987—1995 年）是以生物群体行为模拟为代表，研究者考察了自然界中生物群体的合作与一致行为现象，并产生了很多具有重大意义的模型，如 Vicsek 模型、Boyd 模型等；第二阶段（1995—2004 年）则是对一致性理论进行了更深入的探索，包括针对特定模型的理论推导和证明，为一致性理论的深入发展以及多无人飞行器一致性理论研究框架的形成奠定了基础；第三阶段（2004 年至今）则是在前两个阶段的基础上对一致性理论的各个方面进行了更全面的研究，涉及时延系统、无向和有向网络中的多无人飞行器一致性、信息不确定性、固定和动态拓扑中的多无人飞行器一致性和异步通信等方面的研究，并逐步走向更高阶。

2.4.2　一致性算法研究

1. 数学描述

假定一个多无人飞行器系统包含了 n 个无人飞行器，该系统拓扑结构图用 G 表示，包括节点集合 V 和边集合 E，其一个节点就对应着一个无人飞行器，则有

$$\dot{x}_i = u_i$$

在多无人飞行器系统中，为了让多无人飞行器系统最终达到一致的状态，需要建立合适的算法或策略，随着时间的推移，所有个体的状态量应逐渐趋向于统一，即满足

$$\| x_i - x_j \| \to 0, \forall i \neq j$$

在多无人飞行器系统的网络拓扑结构图 G 中，可以将邻接矩阵记作 $\mathbf{A} = [a_{ij}]$。$\mathbf{A}$ 可以用来表达任意两个无人飞行器之间是否有连边，如果 a_{ij} 不等于 0，说明 i 和 j 之间有边相连。同时可以定义每个无人飞行器的邻居集合，即 $N_i = \{j \in V : a_{ij} \neq 0\}$，表示所有与无人飞行器 i 直接相邻且与 i 有通信连接的无人飞行器集合。这是实现多无人飞行器系统达成一致的重要方法之一。

① 对于连续时间一致性算法，可将其函数表达式表示为

$$\dot{x}_i(t) = \sum_{j \in N_i} a_{ij} (x_j(t) - x_i(t)) \tag{2-6}$$

分布式一致性算法的应用场景非常广泛，例如在工业自动化控制，智能交通系统以及无人飞行器控制等领域中，都可以利用分布式一致性算法来实现多无人飞行器系统的协同控制，在保证系统高效性和稳定性的同时，优化系统运行效果。

当 $a_{ij} = a_{ji}$，且对 $\forall i, j$ 成立，即该拓扑结构图为无向图时，根据算法的原理，可以推出系统状态量的和值为一个定值，即 $\sum \dot{x}_i = 0$。

在多无人飞行器系统中，每个无人飞行器都可以通过局部信息传递来影响系统的全局行为。为了实现系统的一致性，需要建立适当的算法，其中较为有效的方法是采用多无人飞行器连续一致性算法模型。这个模型可以看作是一个耦合动态系统，其中每个无人飞行器通过与其邻居无人飞行器的交互来调整自己的状态和控制输入，达到最终一致性状态，具体表达为

$$\dot{x}=-Lx \tag{2-7}$$

② 对于离散时间一致性算法，每个无人飞行器执行一定的规则，通过与其他无人飞行器进行交互和通信来调整自己的状态和控制输入，函数表达式为

$$x_i(k+1)=x_i(k)+\varepsilon\sum_{j\in N_i}a_{ij}(x_j(k)-x_i(k)) \tag{2-8}$$

当各个无人飞行器将其最终状态收敛到一致状态时，算法模型为

$$\boldsymbol{X}(k+1)=\boldsymbol{PX}(k) \tag{2-9}$$

式中，$\boldsymbol{P}=\boldsymbol{I}-\varepsilon\boldsymbol{L}$ 为非负矩阵，步长 $\varepsilon>0$。

2. 算法收敛界限分析

在考虑多无人飞行器系统的连续时间一致性问题时，可以通过分析系统模型的拉普拉斯矩阵来判断系统是否能够收敛到一致状态。

对于固定的通信拓扑结构，每个无人飞行器的邻居节点集合是固定不变的，这时可以得到拉普拉斯矩阵 $\boldsymbol{L}$，利用它来描述整个系统的动态行为。根据图论理论，如果拉普拉斯矩阵的特征值中仅有一个零特征根，则该多无人飞行器系统可以收敛到一致状态。

对于无向图网络拓扑，多无人飞行器系统收敛的充要条件是网络拓扑是连通的，即拉普拉斯矩阵的零特征根的重数为 1。对于有向图网络拓扑，如果网络拓扑中有生成树即表示能够实现系统一致性。同时，该判断条件也适用于离散时间的情况。

对于固定通信拓扑结构和邻居节点集合的多无人飞行器系统，可以使用分布式一致性算法来实现系统状态及控制量的一致性。在单积分模型下，结合式(2-6)，多无人飞行器系统模型可以表示为

$$\dot{\boldsymbol{x}}(t)=-\boldsymbol{Lx}(t) \tag{2-10}$$

式中，$\boldsymbol{x}(t)=[x_1(t),x_2(t),\cdots,x_n(t)]^{\mathrm{T}}$ 表示多无人飞行器系统的状态变量，$\boldsymbol{L}=[l_{ij}]$ 是通信拓扑图的拉普拉斯矩阵。

在连续时间下，若多无人飞行器系统采用固定通信拓扑结构，可以通过分析拉普拉斯矩阵的特征值来确定系统是否能够达到一致状态。对于无向图网络拓扑，多无人飞行器系统收敛的充要条件是网络拓扑是连通的，即拉普拉斯矩阵的零特征根的重数为 1。对于有向图网络拓扑，则需要满足网络拓扑中存在生成树，才能保证多无人飞行器系统实现全局一致性。

需要注意的是，以上判据也可适用于离散时间的情况，相关的代数描述为：当邻接矩阵 $\boldsymbol{A}$ 的谱半径分别满足 $|\rho_1(\boldsymbol{A})=1|$ 且 $|\rho_2(\boldsymbol{A})<1|$。

综上所述，通过分析多无人飞行器系统的拓扑结构以及拉普拉斯矩阵的特征值，可以判断该系统是否能够收敛到一致状态，这对于设计和控制多无人飞行器系统具有重要意义。

本章小结

本章主要建立了一些常见飞行器的数学模型；通过引入合理的坐标系，建立了运动学模型和动力学模型，为多无人飞行器通信拓扑优化生成和控制提供了模型依据。此外，本章介绍了无人飞行编队的基本控制方式和协同网络通信系统，对本书的理论基础进行了补充。

第3章　无人飞行编队初始队形优化设计

近年来，随着任务环境复杂度的提高，仅靠单个或几个无人飞行器独立完成任务几乎是不可能的，多无人飞行器协同是遂行复杂任务的有效手段。因此，在任务环境中选择最佳的编队队形是非常值得研究的问题。本章针对三维空间中无人飞行编队初始巡航段队形设计，提出了一种基于编队协同效能指标的队形寻优方法。

3.1　无人飞行编队队形参数

3.1.1　几种常见的基本编队队形

在无人飞行编队飞行中的不同阶段，需要有合理的队形以适应不同的任务环境。不同的队形有不同的适用场合，如纵向编队有利于规避侦测，三角形编队更适用于领从无人飞行器模式，方便数据通信和队形展开。常见基本编队队形有横向编队、三角编队、菱形编队和纵向编队，如图 3－1 所示。其他复杂编队可由基本编队通过层级编队关系组合而来。

3.1.2　领从式编队相对运动关系及队形参数

编队队形在三维空间可以利用领从无人飞行器的相对位置关系来描述，这里采用领无人飞行器与从无人飞行器的相对距离与角度作为队形参数，如图 3－2 和图 3－3 所示。

根据领从无人飞行器的相对位置关系，编队中任意一枚从无人飞行器的位置都可以由其相对领无人飞行器的位置表示出来。如第 i 枚从无人飞行器相对领无人飞行器的位置关系可表示为

$$\text{Follower}_i = [R_{\text{LF}_i} \quad \theta_{\text{LF}_i} \quad \psi_{\text{LF}_i}] \tag{3-1}$$

式中，R_{LF_i} 表示从无人飞行器相对领无人飞行器的距离；θ_{LF_i} 表示垂直方位角；ψ_{LF_i} 表示水平方位角。

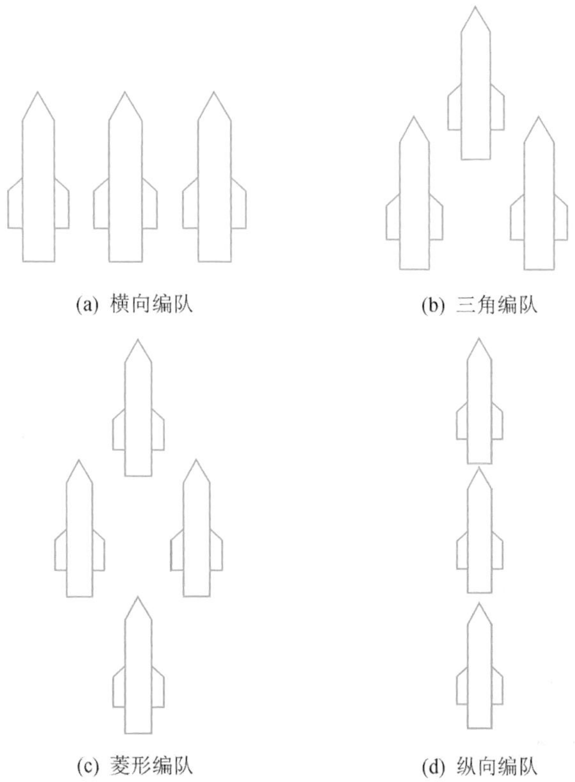

图 3－1　常见编队队形示意图

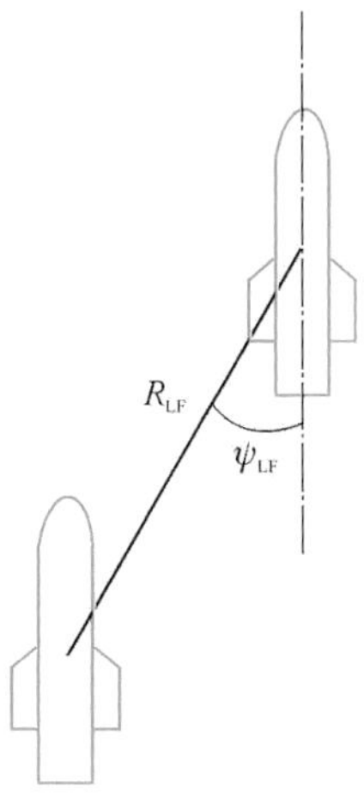

图 3－2　水平方位下领从无人飞行器的相对位置关系示意图

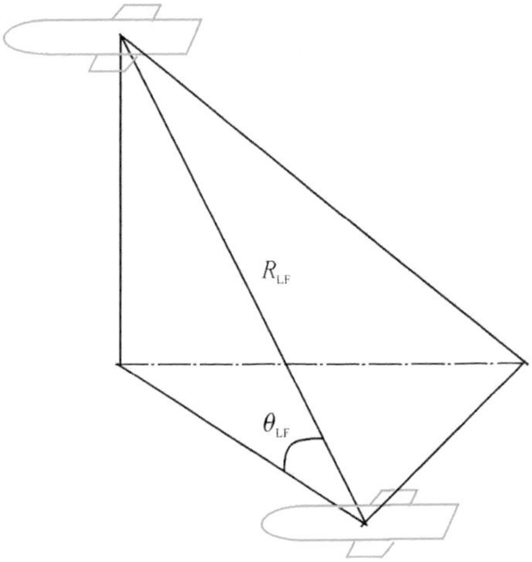

图 3-3　垂直方位下领从无人飞行器的相对位置关系示意图

不同的队形参数数值差异较大。为了保证在后续队形参数优化时使其在同一范围内变化，这里采用归一化的方法，即

$$\text{Follower}'_i=\frac{\text{Follower}_i-\text{Follower}_{i,\min}}{\text{Follower}_{i,\max}-\text{Follower}_{i,\min}} \tag{3-2}$$

式中，Follower_i 表示队形参数的真实值；$\text{Follower}_{i,\min}$ 表示队形参数的最小值；$\text{Follower}_{i,\max}$ 表示队形参数的最大值；$\text{Follower}'_i$ 表示队形参数归一化后的数值。

在使编队尽可能达成预定任务的同时，也要考虑无人飞行编队的飞行性能。在此，需要考虑的性能主要包括：无人飞行器间最大通信距离 $R_{\max}$、无人飞行器间最小安全距离 $R_{\min}$、最大搜索距离 $R_{\text{search},\max}$、最大搜索角 $\varepsilon_{\text{search},\max}$、飞行高度范围（$H_{\min}$，$H_{\max}$）、机动半径 R_{maneuver}、最大飞行速度 $V_{\max}$。

3.2　编队协同指标

3.2.1　编队协同评价体系的建立

通过分析无人飞行编队协同的整个过程，建立如图 3-4 所示的无人飞行编队协同效能指标体系。其中，协同搜索能力是编队协同的前提条件，表示编队对复杂战场环境的感知与重构能力；协同不干扰能力和任务完成能力是编队协同的关键因素，表示编队实现协同的可行性和难易程度；指挥通信能力是协同的重要保障，表示编队处理信息和传输信息的能力；抗毁伤能力表示编队飞行过程中躲避侦察系统的能力。

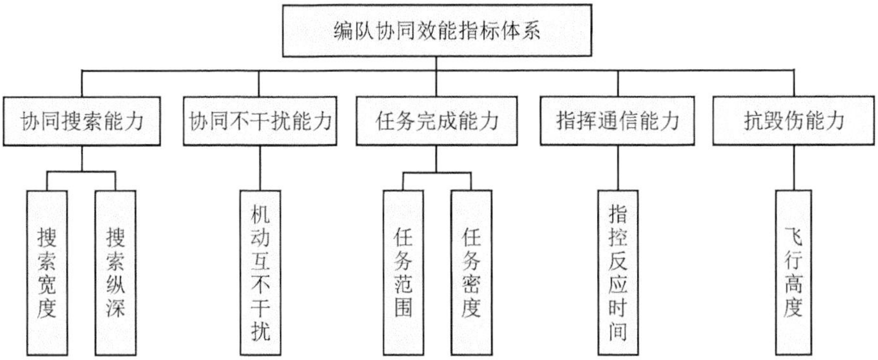

图 3-4 编队协同效能指标体系

3.2.2 基于三角模糊数的指标权重求解

在评估过程中，通常要对评估的对象进行两两比较，并构造判断矩阵。由于评估对象的复杂性和人的认识差异性，在实际评估决策时构造的判断矩阵不一定是确定的数值，而是一个区间数或者是三角模糊数。因此，无人飞行编队协同效能指标可通过构造三角模糊数判断矩阵来确定权重，具体步骤如下。

① 设判断矩阵 $\widetilde{\boldsymbol{A}}=(\widetilde{a}_{ij})_{n\times n}$ 中的元素 $\widetilde{\boldsymbol{a}}_{ij}=(\widetilde{a}_{ij}^{L},\widetilde{a}_{ij}^{M},\widetilde{a}_{ij}^{U})$，$\widetilde{\boldsymbol{a}}_{ji}=(\widetilde{a}_{ji}^{L},\widetilde{a}_{ji}^{M},\widetilde{a}_{ji}^{U})$，$\widetilde{\boldsymbol{a}}_{ij}$ 表示指标 x_i 与指标 x_j 相比较的重要程度，且满足

$$\begin{cases}0\leqslant\widetilde{a}_{ij}^{L}\leqslant\widetilde{a}_{ij}^{M}\leqslant\widetilde{a}_{ij}^{U}\leqslant 1\\ \widetilde{a}_{ii}^{L}=\widetilde{a}_{ii}^{M}=\widetilde{a}_{ii}^{U}=0.5\\ \widetilde{a}_{ij}^{L}+\widetilde{a}_{ji}^{U}=\widetilde{a}_{ij}^{M}+\widetilde{a}_{ji}^{M}=\widetilde{a}_{ij}^{U}+\widetilde{a}_{ji}^{L}=1\end{cases}\tag{3-3}$$

则称该矩阵为三角模糊数互补判断矩阵。

按模糊化原则，以表 3-1 所列的 0.1～0.9 标度将各指标按一定的评判标准进行两两比较，建立三角模糊互补判断矩阵，如表 3-2 所列。

表 3-1 0.1～0.9 数量标度表

标　度	定　义	两两比较
0.5	同等重要	同等重要
0.6	稍微重要	一指标比另一指标稍微重要
0.7	明显重要	一指标比另一指标明显重要
0.8	重要得多	一指标比另一指标重要得多
0.9	极其重要	一指标比另一指标极其重要
0.1,0.2	反比较	一指标比另一指标极其轻微
0.3,0.4		轻微得多，明显轻微，稍微轻微

表 3-2 三角模糊数互补判断矩阵 $\tilde{a}_{ij}$

	x_1	x_2	x_3	x_4	x_5	x_6	x_7
x_1	(0.5,0.5,0.5)	(0.8,0.8,0.9)	(0.6,0.7,0.8)	(0.8,0.8,0.9)	(0.8,0.8,0.9)	(0.8,0.8,0.9)	(0.8,0.9,0.9)
x_2	(0.1,0.2,0.2)	(0.5,0.5,0.5)	(0.1,0.1,0.2)	(0.4,0.4,0.5)	(0.4,0.5,0.5)	(0.4,0.5,0.5)	(0.8,0.8,0.9)
x_3	(0.2,0.3,0.4)	(0.8,0.9,0.9)	(0.5,0.5,0.5)	(0.7,0.8,0.9)	(0.7,0.8,0.9)	(0.7,0.8,0.9)	(0.8,0.9,0.9)
x_4	(0.1,0.2,0.2)	(0.5,0.6,0.6)	(0.1,0.2,0.3)	(0.5,0.5,0.5)	(0.5,0.5,0.6)	(0.5,0.5,0.5)	(0.8,0.8,0.9)
x_5	(0.1,0.2,0.2)	(0.5,0.5,0.6)	(0.1,0.2,0.3)	(0.4,0.5,0.5)	(0.5,0.5,0.5)	(0.5,0.5,0.5)	(0.8,0.8,0.9)
x_6	(0.1,0.2,0.2)	(0.5,0.6,0.6)	(0.1,0.2,0.3)	(0.5,0.5,0.5)	(0.5,0.5,0.5)	(0.5,0.5,0.5)	(0.8,0.8,0.9)
x_7	(0.1,0.1,0.2)	(0.1,0.2,0.2)	(0.1,0.1,0.2)	(0.1,0.2,0.2)	(0.1,0.2,0.2)	(0.1,0.2,0.2)	(0.5,0.5,0.5)

② 对于矩阵 $\tilde{\boldsymbol{A}}$ 中所有元素 $\tilde{\boldsymbol{a}}_{ij}$，计算期望值

$$\tilde{a}_{ij}^{(\lambda)}=\frac{1}{2}\left[(1-\lambda)\tilde{a}_{ij}^{L}+\tilde{a}_{ij}^{M}+\lambda\tilde{a}_{ij}^{U}\right],\quad 0\leqslant\lambda\leqslant 1 \tag{3-4}$$

λ 的取值反映了决策者对各效能指标重要程度的态度。$\lambda<0.5$ 表示各效能指标重要差距小，$\lambda=0.5$ 表示各效能重要程度一样，$\lambda>0.5$ 表示各效能指标之间重要度差距大。若第 i 行中出现两个相等的值 $\tilde{a}_{ij}^{(\lambda)}$ 和 $\tilde{a}_{ik}^{(\lambda)}$ 时，按

$$\frac{1}{2}\otimes(\tilde{\boldsymbol{a}}_{ij}\oplus\tilde{\boldsymbol{a}}_{ik})=\left[\frac{1}{2}(\tilde{a}_{ij}^{L}+\tilde{a}_{ik}^{L}),\frac{1}{2}(\tilde{a}_{ij}^{M}+\tilde{a}_{ik}^{M}),\frac{1}{2}(\tilde{a}_{ij}^{U}+\tilde{a}_{ik}^{U})\right] \tag{3-5}$$

计算，再根据 $\tilde{a}_{ij}^{(\lambda)}$ 的大小对矩阵 $\tilde{\boldsymbol{A}}$ 中元素进行排序，从而得到 $\tilde{\boldsymbol{b}}_{ik}$。

计算主指标三角模糊数互补判断矩阵的期望值时，不妨设 $\lambda=0.5$，得表 3-3 和表 3-4。

表 3-3 三角模糊数互补判断矩阵期望值 $\tilde{a}_{ij}^{(\lambda)}$

x_1	x_2	x_3	x_4	x_5	x_6	x_7
0.5	0.825	0.7	0.825	0.825	0.825	0.875
0.175	0.5	0.125	0.425	0.475	0.475	0.825
0.3	0.875	0.5	0.8	0.8	0.8	0.875
0.175	0.575	0.2	0.5	0.525	0.5	0.825
0.175	0.525	0.2	0.475	0.5	0.5	0.825
0.175	0.575	0.2	0.5	0.5	0.5	0.825
0.125	0.175	0.125	0.175	0.175	0.175	0.5

表 3-4 根据期望值 $\tilde{a}_{ij}^{(\lambda)}$ 得到的 $\tilde{\boldsymbol{b}}_{ik}$

x_1	x_2	x_3	x_4	x_5	x_6	x_7
(0.8,0.9,0.9)	(0.8,0.8,0.9)	(0.8,0.8,0.9)	(0.8,0.8,0.9)	(0.8,0.8,0.9)	(0.6,0.7,0.8)	(0.5,0.5,0.5)
(0.8,0.8,0.9)	(0.5,0.5,0.5)	(0.4,0.5,0.5)	(0.4,0.5,0.5)	(0.4,0.4,0.5)	(0.1,0.2,0.2)	(0.1,0.1,0.2)
(0.8,0.9,0.9)	(0.8,0.9,0.9)	(0.7,0.8,0.9)	(0.7,0.8,0.9)	(0.7,0.8,0.9)	(0.5,0.5,0.5)	(0.2,0.3,0.4)
(0.8,0.8,0.9)	(0.5,0.6,0.6)	(0.5,0.5,0.6)	(0.5,0.5,0.5)	(0.5,0.5,0.5)	(0.1,0.2,0.3)	(0.1,0.2,0.2)
(0.8,0.8,0.9)	(0.5,0.5,0.6)	(0.5,0.5,0.5)	(0.5,0.5,0.5)	(0.4,0.5,0.5)	(0.1,0.2,0.3)	(0.1,0.2,0.2)
(0.8,0.8,0.9)	(0.5,0.6,0.6)	(0.5,0.5,0.5)	(0.5,0.5,0.5)	(0.5,0.5,0.5)	(0.1,0.2,0.3)	(0.1,0.2,0.2)
(0.5,0.5,0.5)	(0.1,0.2,0.2)	(0.1,0.2,0.2)	(0.1,0.2,0.2)	(0.1,0.2,0.2)	(0.1,0.1,0.2)	(0.1,0.1,0.2)

③ 当判断值以三角模糊数或区间数等模糊形式出现时，模糊有序加权平均算子(fuzzy ordered weighted averaging operator，FOWA)能很好地对判断值进行比较。通过 FOWA 算子计算各指标的重要程度 $\tilde{\boldsymbol{d}}_i$，其中 $\tilde{\boldsymbol{d}}_i$ 为三角模糊数，有

$$\begin{aligned}\tilde{\boldsymbol{d}}_i &= F(\tilde{\boldsymbol{b}}_{i1},\tilde{\boldsymbol{b}}_{i2},\tilde{\boldsymbol{b}}_{i3},\tilde{\boldsymbol{b}}_{i4},\tilde{\boldsymbol{b}}_{i5},\tilde{\boldsymbol{b}}_{i6},\tilde{\boldsymbol{b}}_{i7})\\ &= \omega_1\otimes\tilde{\boldsymbol{b}}_{i1}\oplus\omega_2\otimes\tilde{\boldsymbol{b}}_{i2}\oplus\omega_3\otimes\tilde{\boldsymbol{b}}_{i3}\oplus\omega_4\otimes\tilde{\boldsymbol{b}}_{i4}\oplus\omega_5\otimes\tilde{\boldsymbol{b}}_{i5}\oplus\\ &\quad \omega_6\otimes\tilde{\boldsymbol{b}}_{i6}\oplus\omega_7\otimes\tilde{\boldsymbol{b}}_{i7}\\ &= \left[\sum_{k=1}^{7}\omega_k b_{ik}^L,\sum_{k=1}^{7}\omega_k,b_{ik}^M,\sum_{k=1}^{7}\omega_k b_{ik}^U,\right]\end{aligned}\tag{3-6}$$

式中，$\boldsymbol{\omega}=(\omega_1,\omega_2,\omega_3,\omega_4,\omega_5,\omega_6,\omega_7)^{\mathrm{T}}$ 是与 FOWA 算子相关联的加权向量，$\omega_j\subset[0,1]$，$\sum_{j=1}^{7}\omega_j=1$，具体可按 Ronald R. Yager 提出的公式

$$\omega_j = Q(j/n)-Q\left(\frac{j-1}{n}\right),\quad j=1,2,\cdots,n\tag{3-7}$$

计算。式中，Q 为模糊语义量化因子，其隶属度函数为

$$Q(r)=\begin{cases}0, & r<a\\ \dfrac{r-a}{b-a}, & a\leqslant r\leqslant b\\ 1, & b<r\end{cases}\tag{3-8}$$

按照语义模糊化的准则，Q 中参数(a,b)可按下列方式取值：

$$(a,b)=\begin{cases}(0.3,0.8), & \text{大多数}\\ (0,0.5), & \text{至少半数}\\ (0.5,1), & \text{尽可能多}\end{cases}\tag{3-9}$$

这里不妨选择语义模糊准则为“大多数”，计算出与 FOWA 算子相关的关联加权向量的值为

$$\boldsymbol{\omega}=(\omega_1,\omega_2,\omega_3,\omega_4,\omega_5,\omega_6,\omega_7)^{\mathrm{T}}=(0,0,0.26,0.29,0.28,0.17,0)$$

则用 FOWA 算子求解三角模糊数 $\tilde{\boldsymbol{d}}_i$ 为

$$\tilde{\boldsymbol{d}}_1=(0.766,0.783,0.883),\quad \tilde{\boldsymbol{d}}_2=(0.349,0.421,0.449)$$

$$\tilde{\boldsymbol{d}}_3=(0.666,0.749,0.832),\quad \tilde{\boldsymbol{d}}_4=(0.432,0.449,0.520)$$

$$\tilde{\boldsymbol{d}}_5=(0.404,0.449,0.466),\quad \tilde{\boldsymbol{d}}_6=(0.396,0.422,0.448)$$

$$\tilde{\boldsymbol{d}}_7=(0.100,0.183,0.200)$$

④ 再根据式(3-10)计算 $\tilde{\boldsymbol{d}}_i$ 的期望值 $\tilde{\boldsymbol{d}}_i^{(\lambda)}$ 为

$$\tilde{\boldsymbol{d}}_i^{(\lambda)}=\frac{1}{2}\left[(1-\lambda)\tilde{\boldsymbol{d}}_i^L+\tilde{\boldsymbol{d}}_i^M+\lambda\tilde{\boldsymbol{d}}_i^U\right],\quad 0<\lambda<1 \tag{3-10}$$

求得 $\tilde{\boldsymbol{d}}_i^{(\lambda)}=(0.803\,8,0.410\,0,0.749\,0,0.462\,5,0.442\,0,0.422\,0,0.166\,5)$

对期望值 $\tilde{\boldsymbol{d}}_i^{(\lambda)}$ 进行归一化，可得

$$\boldsymbol{\omega}_I=\frac{\tilde{\boldsymbol{d}}_i^{(\lambda)}}{\sum\limits_{i=1}^{7}\tilde{\boldsymbol{d}}_i^{(\lambda)}},\quad 0\leqslant\lambda\leqslant 1 \tag{3-11}$$

$$\boldsymbol{\omega}_I=(0.188\,7,0.096\,3,0.175\,8,0.108\,6,0.099\,1,0.039\,1) \tag{3-12}$$

3.2.3 效能指标模型的建立

1. 搜索宽度

搜索宽度决定了编队在飞行过程中感知环境的能力。搜索宽度越大，发现目标的概率就越大。搜索宽度与最大搜索距离 R_{search} 和最大搜索角 $\varepsilon_{\max}$ 有关。假设每枚无人飞行器的搜索区域是一个母线为 R_{search}、顶角为 $\varepsilon_{\max}$ 的圆锥体，则整个编队的搜索宽度可设为所有编队成员搜索区域的底面半径之和，如图 3-5 和图 3-6 所示。

在编队协同搜索时，往往希望搜索区域是一个连续的区域，避免中间出现盲区。因此，当领无人飞行器与从无人飞行器的横向距离大于搜索宽度时，由于会出现盲区，适应度设为 1；当领无人飞行器与从无人飞行器的横向宽度等于搜索宽度时，搜索宽度最大，适应度设为 0。基于上述分析，适应度函数设计为

$$f_1=\begin{cases}1-\mathrm{e}^{W_{\mathrm{LF}}-\sum\limits_{i=1}^{N_{\mathrm{M}}}W_{d_i}}, & W_{\mathrm{LF}}\leqslant\sum\limits_{i=1}^{N_{\mathrm{M}}}W_{d_i}\\ 1, & W_{\mathrm{LF}}>\sum\limits_{i=1}^{N_{\mathrm{M}}}W_{d_i}\end{cases} \tag{3-13}$$

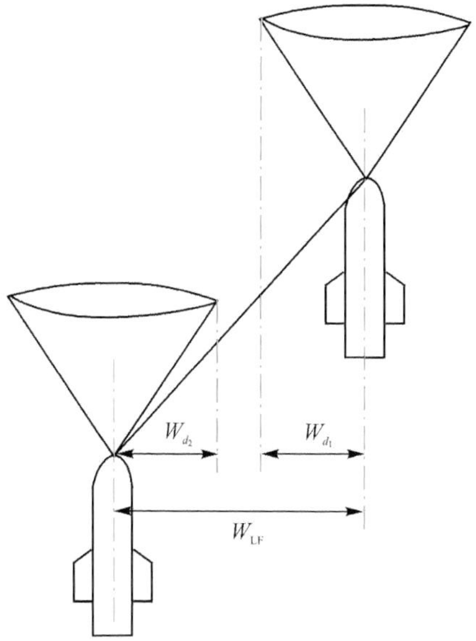

图 3-5　搜索宽度(有盲区)

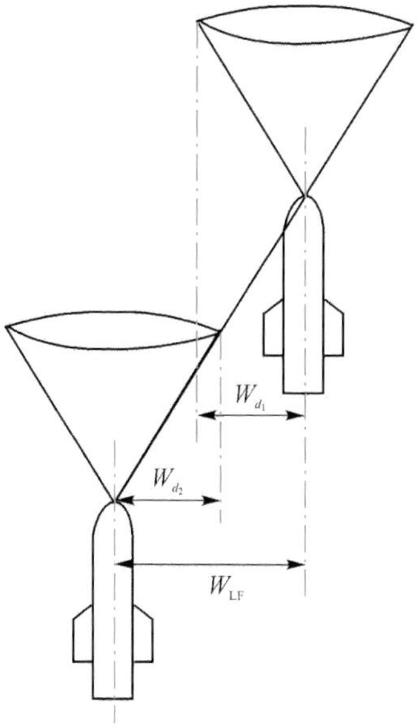

图 3-6　搜索宽度(无盲区)

式中，W_{LF} 表示领无人飞行器与从无人飞行器的横向距离，$W_{LF}=R_{LF}\cos\theta_{LF}\sin\psi_{LF}$；$W_d$ 表示编队成员的搜索宽度，$W_d=R_{search}\sin\varepsilon_{max}$；$N_M$ 表示编队成员个数。

2. 搜索纵深

搜索纵深与搜索宽度类似。搜索宽度表征编队横向搜索范围，而搜索纵深则表征编队纵向搜索范围，其适应度函数与搜索宽度形式一致，设为

$$f_2=\begin{cases}1-\mathrm{e}^{H_{\mathrm{LF}}-\sum_{i=1}^{N_{\mathrm{M}}}H_{d_i}}, & H_{\mathrm{LF}}\leqslant\sum_{i=1}^{N_{\mathrm{M}}}H_{d_i}\\ 1, & H_{\mathrm{LF}}>\sum_{i=1}^{N_{\mathrm{M}}}H_{d_i}\end{cases}\tag{3-14}$$

式中，H_{LF} 表示领无人飞行器与从无人飞行器之间的高度差，$H_{\mathrm{LF}}=R_{\mathrm{LF}}\sin\theta_{\mathrm{LF}}$；$H_d$ 表示编队成员的搜索纵深，$H_d=R_{\mathrm{search}}\sin\varepsilon_{\max}$。

3. 机动互不干扰

机动互不干扰表现编队机动能力。在不考虑其他影响时，无人飞行器间距离越大，编队成员间发生碰撞的可能性越小，机动能力就越好。基于以上分析，可用无人飞行器间距离与编队成员的最小机动半径之间的关系表示机动能力。当编队成员与其相邻成员的无人飞行器间距离小于该编队成员最小机动半径时，机动能力弱，因此适应度设为 1。设第 i 枚无人飞行器的机动能力为

$$f_{\mathrm{maneuver}}(R_i')=\begin{cases}1, & R_i'<R_{\mathrm{maneuver}}\\ \dfrac{R_{\mathrm{maneuver}}}{R_i'}, & R_i'\geqslant R_{\mathrm{maneuver}}\end{cases}\tag{3-15}$$

式中，R_i' 表示第 i 个编队成员和其相邻成员的间距最小值，即 $R_i'=\min\limits_{j\in(1,n_i)}R_{ij}$，其中 n_i 表示与第 i 个编队成员相邻的成员个数。

综上，整个编队的机动能力可表示为

$$f_3=\prod_{i=1}^{N_{\mathrm{M}}}f_{\mathrm{maneuver}}(R_i')\tag{3-16}$$

4. 任务范围

任务范围代表无人飞行编队最终实施特定任务的范围。编队成员间的无人飞行器间距离越大，编队越分散，任务范围就越大。因此，

$$f_4=1-\frac{S}{S_{\max}}\tag{3-17}$$

式中，S 表示编队所覆盖的面积；$S_{\max}$ 表示相同形状时编队的最大覆盖面积。以平面三角队形为例，$S=R_{\mathrm{LF}}^2\sin\psi_{\mathrm{LF}}\cos\psi_{\mathrm{LF}}$，$S_{\max}=\dfrac{1}{2}R_{\mathrm{LF}}^2$。

5. 任务密度

任务密度代表无人飞行编队对同一区域内遂行特定任务的程度。编队对同一

目标遂行任务的时间间隔越小，任务密度就越大，任务效果就越好。基于以上分析，用编队成员的任务时间差 ΔT 来表示任务效果，适应度函数设为

$$f_5 = 1 - e^{-\Delta T/\Delta T_{need}} \tag{3-18}$$

式中，ΔT_{need} 表示达到预期任务效果所需的落无人飞行器时间差；ΔT 表示编队实际能达到的最小任务时间差，$\Delta T = \frac{L_{max}}{V_{max}}$，$L_{max}$ 表示对同一目标遂行任务的第一个无人飞行器与最后一个无人飞行器的距离。

6. 指控反应时间

指控反应时间体现了编队指控信息传输速度，即领无人飞行器下发指令到最后一枚从无人飞行器接收指令所花费的时间，由领无人飞行器与其距离最远的从无人飞行器的信息传输距离决定，距离越小，指控反应时间越小。因此，适应度函数设为

$$f_6 = \frac{\max(R_{LF_i})}{R_{max}} \tag{3-19}$$

式中，R_{LF_i} 表示第 i 枚从无人飞行器与领无人飞行器间的距离；R_{max} 表示无人飞行器间最大通信距离。

7. 飞行高度

飞行高度体现了编队隐身能力。飞行高度越小，隐身效果越好。因此，适应度函数设为

$$f_7 = \frac{1 - h_{min}}{\max(h_i)} \tag{3-20}$$

式中，h_i 表示第 i 枚无人飞行器的飞行高度；h_{min} 表示飞行高度的下界。

3.3 编队构型求解及仿真

3.3.1 粒子群算法

无人飞行编队构型设计问题本质是多目标优化问题，其核心是通过优化各个效能指标使其同时达到综合的最优值。然而，由于多目标优化问题的各个目标之间往往是相互冲突的，在满足其中一个目标最优的同时，其他目标往往可能受其影响而变得很差。采用粒子群算法(particle swarm optimization，PSO)对多目标优化问题进行求解。粒子群算法是计算智能领域，除了蚁群算法、鱼群算法之外的一种群体智能的优化算法。该算法最早由 Kennedy 和 Eberhart 在 1995 年提出。PSO 算法是从这种生物种群行为特征得到启发并用于求解优化问题的，算法中每个粒子都代表问题的一个潜在解，每个粒子对应一个由适应度函数决定的适应度值。粒子的速

度决定了粒子移动的方向和距离，速度随自身及其他粒子的移动经验进行动态调整，从而实现个体在可解空间中的寻优。

PSO 算法首先在可行空间中初始化一群粒子，每个粒子都代表极值优化问题的一个潜在最优解，用位置、速度和适应度值三项指标表示该粒子特征。适应度值由适应度函数计算得到，其值的好坏表示粒子的优劣。粒子在解空间中运动，通过跟踪个体极值 Pbest 和群体极值 Gbest 更新个体位置。个体极值 Pbest 是指个体所经历位置中计算得到的适应度值最优位置，群体极值 Gbest 是指种群中的所有粒子搜索到的适应度最优位置。粒子群每更新一次，就计算一次适应度值，并且通过比较新粒子的适应度值和个体极值、群体极值的适应度值更新个体极值 Pbest 和群体极值 Gbest 的位置。粒子群算法流程如图 3-7 所示。

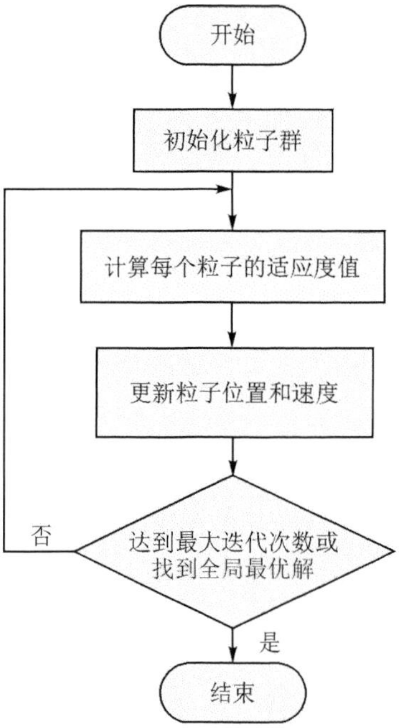

图 3-7　粒子群算法流程

假设在一个 D 维搜索空间中，由 n 个粒子组成的种群 $\boldsymbol{X}=(\boldsymbol{X}_1,\boldsymbol{X}_2,\cdots,\boldsymbol{X}_n)$，其中 i 个粒子表示为一个 D 维的向量 $\boldsymbol{X}_i=(x_{i1},x_{i2},\cdots,x_{iD})^{\mathrm{T}}$，代表第 i 个粒子在 D 维搜索空间中的位置，亦代表问题的一个潜在解。根据目标函数即可计算出每个粒子位置 $\boldsymbol{X}_i$ 对应的适应度值。第 i 个粒子的速度为 $\boldsymbol{V}_i=(V_{i1},V_{i2},\cdots,V_{iD},)^{\mathrm{T}}$，其个体极值为 $\boldsymbol{P}_i=(P_{i1},P_{i2},\cdots P_{iD})^{\mathrm{T}}$，种群的群体极值为 $\boldsymbol{P}_g=(P_{g1},P_{g2},\cdots,P_{gD})^{\mathrm{T}}$。

在每次迭代过程中，粒子通过个体极值和群体极值更新自身的速度和位置，即

$$V_{id}^{k+1}=\omega V_{id}^{k}+c_1r_1(P_{id}^{k}-X_{id}^{k})+c_2r_2(P_{gd}^{k}-X_{gd}^{k})$$

$$X_{id}^{k+1}=X_{id}^{k}+V_{k+1id}$$

其中，ω 为惯性权重；$d=1,2,\cdots,n$；k 为当前迭代次数；V_{id} 为粒子的速度；c_1 和 c_2 为非负的常数，称为加速度因子；r_1 和 r_2 是分布在[0,1]区间的随机数。为了防止粒子的盲目搜索，一般建议将其位置和速度限制在一定的区间$[X_{\min},X_{\max}]$、$[V_{\min},V_{\max}]$。

从初始状态到目标状态经过的时间是 T，采样时间是 dt，则轨迹的段数 TN＝$T/\mathrm{d}t$，将 TN 段的轨迹修改向量 $\boldsymbol{P}[n]_{\mathrm{mod}}$ 进行编码。当给出初始轨迹 $\boldsymbol{P}[n]_{\mathrm{init}}$ 时，最终轨迹 $\boldsymbol{P}[n]$ 被定义为

$$\boldsymbol{P}[n]=\boldsymbol{P}_{\mathrm{init}}[n]+\boldsymbol{P}[n]_{\mathrm{mod}},\quad n=0,1,\cdots,\mathrm{WD}-1$$

粒子的结构如图 3－8 所示。

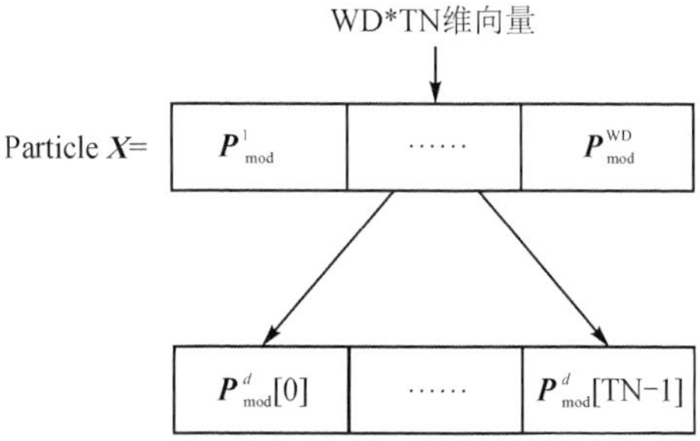

图 3－8　粒子群结构图

粒子群算法的核心是适应度函数。综合 3.3.3 节中各效能指标，建立适应度函数

$$f=\min\left(\sum_{i=1}^{7}\omega_I f_i\right)\tag{3-21}$$

式中，ω_I 表示第二层中第 i 个指标的权重；f_i 表示第 i 个指标的模型，经 f 加权处理后的适应度函数。

3.3.2　平面二维编队队形求解及仿真

为了说明上述所建立的效能指标和适应度函数的合理性与准确性，利用 MATLAB 软件对该方法进行仿真验证。下面先以一个简单的由三枚无人飞行器组成的平面三角形编队为例，说明该算法的可行性。

编队成员主要包括领无人飞行器和从无人飞行器两种类型的无人飞行器，它们的飞行性能参数见表 3－5。

由目标的特性确定出 ΔT_{need} 为 10 s。式(3－13)中各指标的权重见式(3－12)，粒子群算法的参数设置见表 3－6。

表 3－5 编队成员飞行性能

成员	$R_{\max}$/km	$R_{\min}$/km	$R_{\text{searchmax}}$/km	$\varepsilon_{\max}$/(°)	$H_{\min}$/m	$H_{\max}$/km	R_{maneuver}/km	$V_{\max}$/(m·s^{-1})
领无人飞行器	40	5	80	60	100	10	5	300
从无人飞行器	40	5	60	30	100	10	5	300

表 3－6 粒子群算法的参数设置

参数	种群规模	进化次数	惯性权重	加速度因子	加速度因子
取值	20	500	1	1.494 5	1.494 5

由于优化对象是平面三角形编队，需要指出的是由于编队队形一般为对称结构，因此队形参数满足等式

$$R_{\text{LF}_1}=R_{\text{LF}_2},\quad \psi_{\text{LF}_1}=-\psi_{\text{LF}_2} \tag{3-22}$$

利用粒子群寻优算法对无人飞行器队形参数进行 500 代迭代寻优，结果如图 3－9～图 3－12 所示。

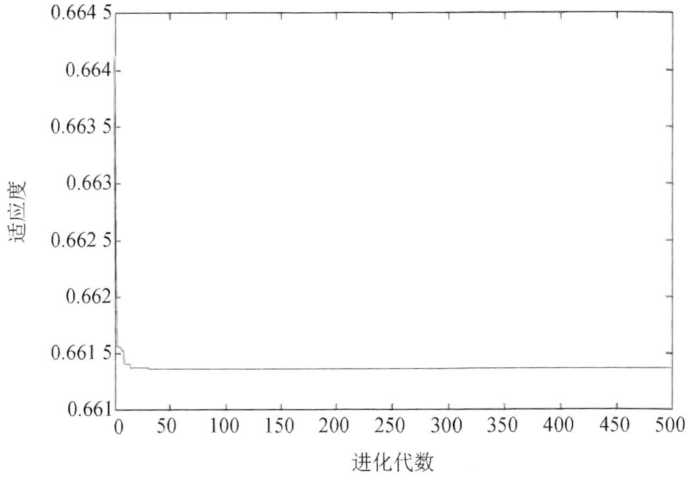

图 3－9 适应度优化过程

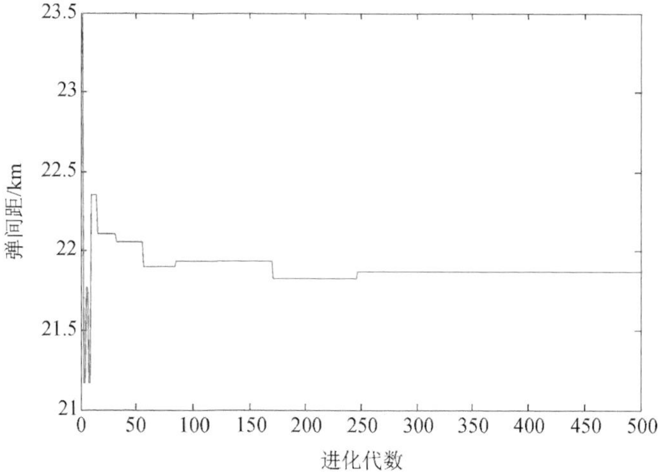

图 3-10　领从无人飞行器间距优化过程

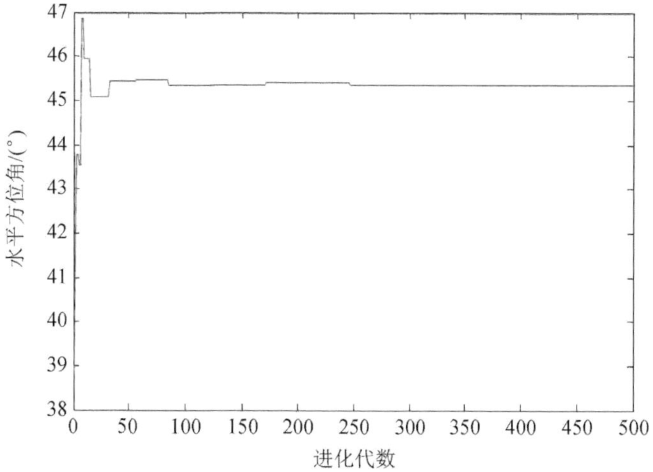

图 3-11　水平方位角优化过程

经过粒子群优化算法优化后，队形参数优化结果见表 3-7。

表 3-7　队形参数的优化结果

队形参数	R_{LF_1}/km	θ_{LF_1}/(°)	ψ_{LF_1}/(°)	R_{LF_2}/(°)	θ_{LF_2}/(°)	ψ_{LF_2}/(°)
优化结果	21.8	0	45.2	21.8	0	−45.2

由表 3-7 所列的优化结果可以看出，领无人飞行器与从无人飞行器之间最优间距为 21.8 km，从无人飞行器之间最优间距为 31.2 km，均满足无人飞行器间最小安全距离和最大通信距离的约束。由于机动互不干扰和搜索宽度的权重较大，因此无

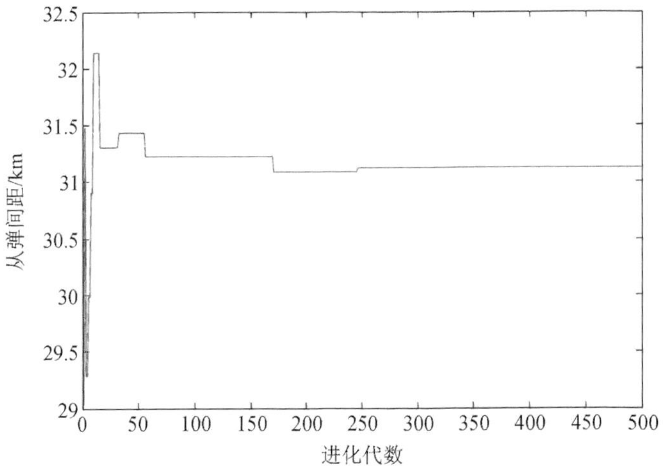

图 3－12　从无人飞行器间距优化过程

人飞行器间距离越大越容易实现；但由于编队对任务密度有要求，无人飞行器间距离须有所减小。另外，为了避免出现大面积的搜索盲区，领无人飞行器与从无人飞行器间的横向距离应尽量接近最大搜索宽度(29.1 km)。三角形编队优化后的队形如图 3－13 所示。

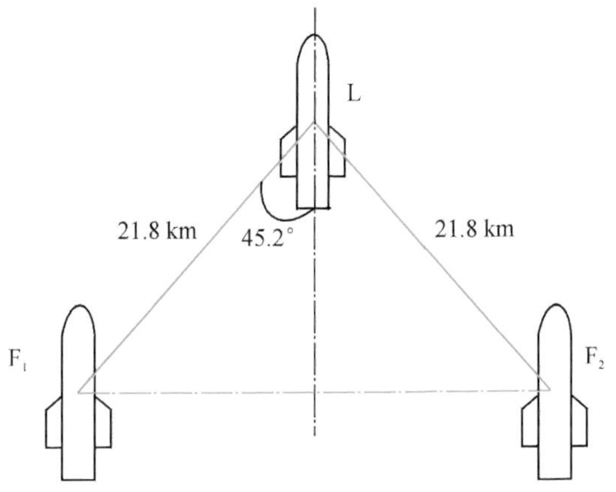

图 3－13　优化后的队形

3.3.3　空间三维编队队形求解及仿真

与平面二维编队不同的是，除了需要考虑水平方位角 ψ_{LF}，三维编队还要考虑无人飞行器间的垂直方位角 θ_{LF}。

假设某任务需要 78 枚无人飞行器。若一个基本无人飞行器群由 15 枚无人飞行器组成，拟对 15 枚无人飞行器组成的空间三角形编队进行优化仿真，进一步说明该方法的合理性与有效性。

编队成员飞行性能参数与 3.3.2 节中相同，粒子群优化算法除进化代数改为 800 外，其他均相同。需要注意的是，式(3－23)中还须补充一个约束 $\theta_{LF_1}=\theta_{LF_2}$，式(3－22)变为

$$R_{LF_1}=R_{LF_2},\quad \psi_{LF_1}=-\psi_{LF_2},\quad \theta_{LF_1}=\theta_{LF_2} \tag{3-23}$$

利用粒子群寻优算法对无人飞行器队形参数进行 800 次迭代寻优，结果如图 3－14～图 3－18 所示。

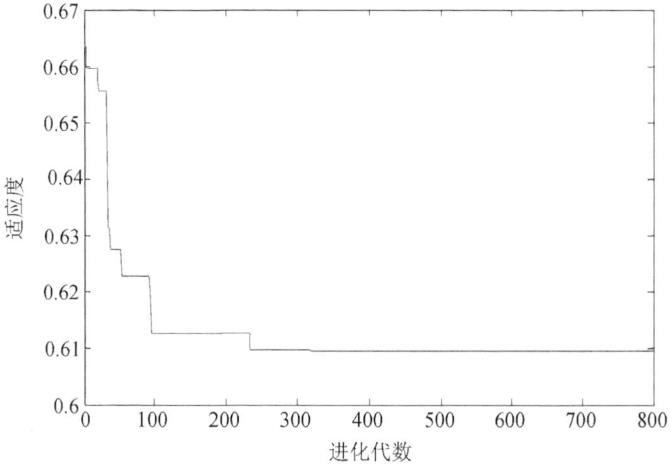

图 3－14　适应度优化过程

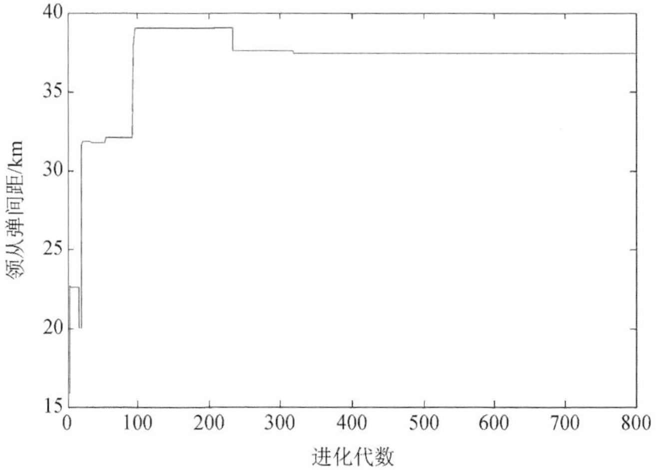

图 3－15　领从无人飞行器间距优化过程

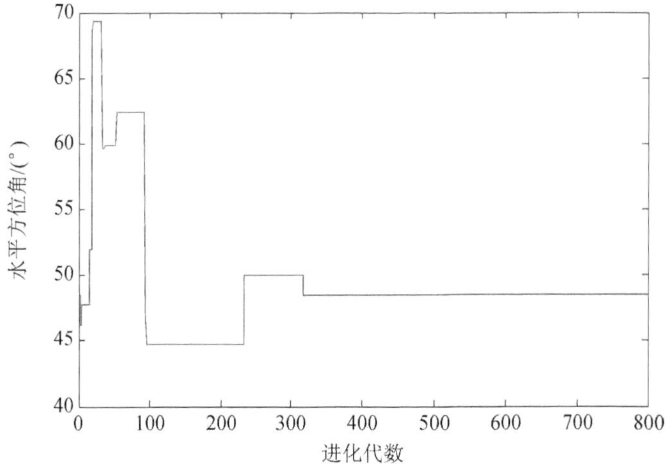

图 3-16　水平方位角优化过程

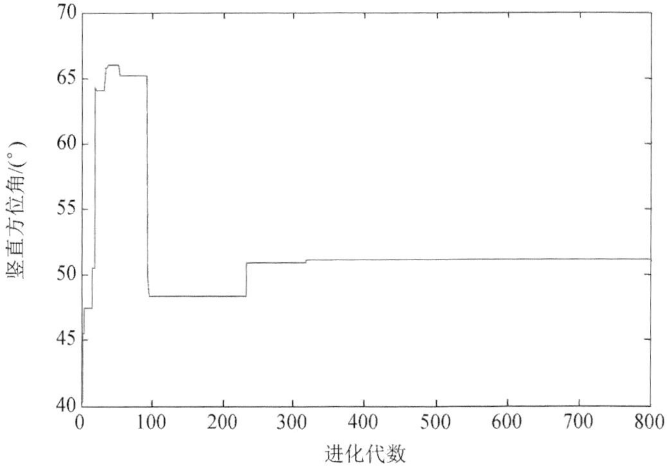

图 3-17　垂直方位角优化过程

经过粒子群优化，队形参数的优化结果如表 3-8 所列。

表 3-8　队形参数优化结果

队形参数	R_{LF_1}/km	θ_{LF_1}/(°)	ψ_{LF_1}/(°)	R_{LF_2}/(°)	θ_{LF_2}/(°)	ψ_{LF_1}/(°)
优化结果	37.4	51.2	48.5	37.4	51.2	−48.5

分析表 3-8 结果可以看出，三角形编队顶点与底边端点的最优间距为 37.4 km，此时底边两端点间距为 35.2 km，均满足无人飞行器间最小安全距离和最大通信距离的约束。由于机动互不干扰和搜索宽度的权重较大，因此无人飞行器间

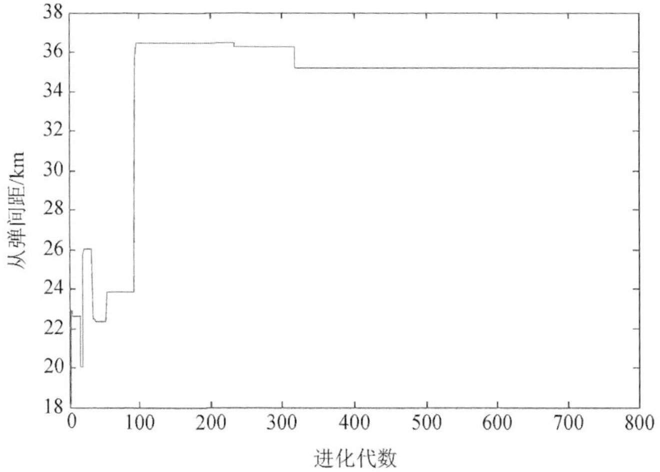

图 3-18　从无人飞行器间距优化过程

距离越大越容易实现;但由于编队对任务密度有所要求,无人飞行器间距离须有所减小。另外,为了避免出现大面积的搜索盲区,领无人飞行器与从无人飞行器间的横向距离应尽量接近最大搜索宽度。在实时性方面,此次仿真采用的计算机为 AMD athlon x4 559 处理器,主频 3.4 GHz,用 MATLAB 编程进行仿真。整个仿真过程平均所花时间为 2.02 s,该优化时间满足实时性要求。由 15 枚无人飞行器组成的空间三角形编队经优化后的队形如图 3-19 所示。

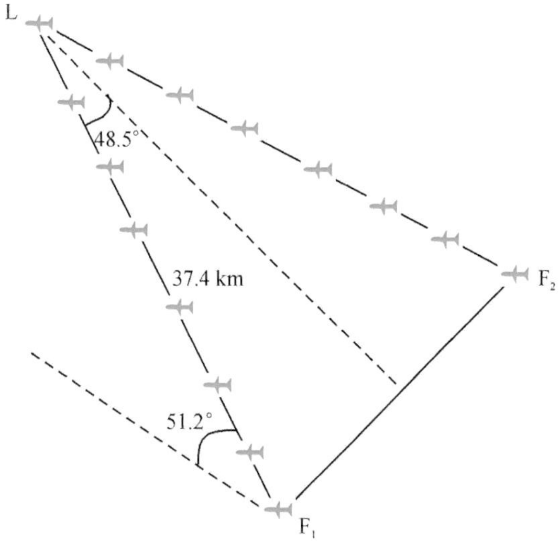

图 3-19　优化后的队形

对比平面二维编队与空间三维编队的优化结果可以看出，由于三维编队中无人飞行器数量更多、维数更高，所以需要更多的优化迭代次数才能得到最优解。从队形参数的优化结果来看，与二维编队相比，由于三维编队成员更多，故为了保证安全性，成员之间的距离也相应更大。

本章小结

目前，单枚无人飞行器所能发挥的作用越来越有限，无人飞行编队协同是信息化条件下提高无人飞行器能力的有效手段。不仅如此，多无人飞行器通过无人飞行器群间的优势互补，还具有协同搜索、抗电磁干扰等特殊优势，因此受到许多国家的重视。本章以多无人飞行器协同任务为研究背景，依据态势建立协同任务效能评估体系，在领从无人飞行器模式下，利用粒子群算法优化出合适的队形参数，所提出的方法对编队飞行队形参数的选取具有一定的参考价值。本章主要对编队初始飞行队形进行了优化设计，下一章将对两方对抗条件下的队形选择问题进行研究。

第4章 基于势场的无人飞行编队队形选择方法

第3章主要介绍了无人飞行编队在初始巡航阶段的队形优化算法，本章将介绍无人飞行编队在后期阶段的队形选择方法。

随着信息技术的发展，无人飞行编队任务样式已经演变为：先以大规模编队飞行，在接近目标时将大规模编队转换为小规模编队，然后在小规模编队内依据协同优先权进行目标分配。合适的编队队形可以在一定程度上弥补双方性能差异或更好地发挥体系优势。因此，如何在不确定信息下选择最佳的攻击队形是非常值得研究的问题。

4.1 势场模型

4.1.1 势场模型的构建

无人飞行器势场模型主要考虑无人飞行器探测能力、生存能力、通信能力、任务能力四个方面的因素，其模型为

$$e=e(x,y,z,x_T,y_T,z_T)=e_d(\omega_1 e_w+\omega_2 e_s+\omega_3 e_c) \tag{4-1}$$

式中，(x,y,z)表示惯性坐标系下无人飞行器的位置坐标，(x_T,y_T,z_T)表示惯性坐标系下目标的位置，e_d 表示无人飞行器的探测能力；e_w 表示无人飞行器的任务能力；e_s 表示无人飞行器的生存能力；e_c 表示无人飞行器的通信能力。ω_1、ω_2、ω_3 表示分别表示任务能力、生存能力、通信能力的权重值。

1. 任务能力

任务能力模型为

$$e_w=\ln(1+A_M) \tag{4-2}$$

式中，A_M 表示无人飞行器的任务能力参数，具体表达式为

$$A_M=\begin{cases}\dfrac{K_D\cdot r_{max}\cdot P_h\cdot\dfrac{\varphi_m}{2\pi}\cdot\dfrac{n_{max}}{35}\cdot\dfrac{\omega_{max}}{20}}{r}, & r_{min}\leqslant r\leqslant r_{max}\\ 0, & r<r_{min}\text{ 或 }r>r_{max}\end{cases} \tag{4-3}$$

式中，K_D 为引导方式修正系数，半主动雷达引导系数 $K_D=1$，主动雷达引导系数 K_D

=1.5；P_{h} 为无人飞行器任务成功执行概率；φ_{m} 为无人飞行器任务范围角；n_{max} 为无人飞行器最大可用过载；ω_{max} 为无人飞行器最大跟踪角速度；r 为无人飞行器距计算点的距离；r_{max} 为无人飞行器最大任务距离；r_{min} 为无人飞行器最小任务距离。

2. 探测能力

目标探测设备主要包括探测装置和红外搜索跟踪装置，因此目标探测能力参数包括：探测装置探测能力参数 A_{DR} 和红外探测能力参数 A_{DIR}。探测能力模型可表示为

$$e_{d}=\ln(1+A_{DR}+A_{DIR}) \tag{4-4}$$

探测装置探测能力参数 A_{DR} 可表示为

$$A_{DR}=\begin{cases}\dfrac{\dfrac{R_{TR}^{2}}{4}\times\dfrac{\theta_{R}}{2\pi}\times P_{TR}\times K_{1}\times m_{1}^{0.05}}{r}, & 0\leqslant r\leqslant R_{TR}\\ 0, & r>R_{TR}\end{cases} \tag{4-5}$$

式中，R_{TR} 表示探测装置最大搜索距离；θ_{R} 为探测装置最大搜索方位角；P_{TR} 为目标发现概率；m_{1} 为探测装置能同时跟踪的目标数量；K_{1} 为探测装置体制衡量系数。

红外探测能力参数 A_{DIR} 可表示为

$$A_{DIR}=\begin{cases}\dfrac{\dfrac{R_{TIR}^{2}}{4}\times\dfrac{\theta_{IR}}{2\pi}\times P_{TIR}\times K_{2}\times m_{2}^{0.05}}{r}, & 0\leqslant r\leqslant R_{TIR}\\ 0, & r>R_{TIR}\end{cases} \tag{4-6}$$

式(4-6)与式(4-5)的参数含义基本相同，其中，RTIR 为红外最大搜索距离，θ_{IR} 为红外最大搜索方位角，P_{TIR} 为红外对目标的发现概率，K_{2} 为红外体制衡量系数。

3. 生存能力

无人飞行器生存能力模型为

$$e_{s}=\ln(1+A_{s}) \tag{4-7}$$

式中，A_{s} 为生存能力参数，具体表达式为

$$A_{s}=\left(\frac{10}{W}\cdot\frac{15}{L}\cdot\frac{5}{R_{cs}}\right)\cdot\left(1-\frac{A_{ve}}{A_{v}}\right) \tag{4-8}$$

式中，L 表示无人飞行器全长；W 表示无人飞行器翼展；R_{cs} 表示无人飞行器探测装置有效反射面积；A_{v} 表示无人飞行器表面积；A_{ve} 表示无人飞行器易损性部位面积。

4. 通信能力

强大的数据通信能力可以在很大程度上提高无人飞行编队能力。无人飞行器通信能力模型可表示为

$$e_{c}=\ln\left[1+P_{c}\cdot\left(\sum_{i=1}^{N}\frac{d_{max}}{r_{i}}\right)^{0.5}\right] \tag{4-9}$$

式中，e_c 表示通信能力，P_c 表示数据链通信设备的可靠性，d_{max} 表示数据链最大通信距离，r_i 表示无人飞行器与第 i 枚无人飞行器成员的距离。

4.1.2　势场的叠加

设在整个战场空间中，红方有 N 枚无人飞行器，则总的正势场叠加效果为

$$e_{+}=e_{1+}+e_{2+}+\cdots+e_{N+} \tag{4-10}$$

式中，e 表示势场。即空间中任一点的正势场的大小等于战场空间内红方所有无人飞行器在该点产生的势场之和。同理，设蓝方有 M 个单元，则总的负势场的叠加结果为

$$e_{-}=e_{1-}+e_{2-}+\cdots+e_{M-} \tag{4-11}$$

在整个战场空间中，正势场和负势场同时存在，各自产生的正负势场互不相关。在势场中，势场相等的点连成的空间曲面称为等势面，在势场的某一平面内，势相等的线构成的线叫等势线。

4.2　基于不确定信息的目标势场评估方法

设 $A_1=\{1,2,\cdots,a_1\}$，$B=\{1,2,\cdots,b\}$。根据 4.1 节的无人飞行器威力势模型构建无人飞行器的势矩阵 $\boldsymbol{E}=[e_{ij}]_{a_1\times b}$，其中 e_{ij} 表示第 i 枚无人飞行器的第 j 项能力，$i\in A_1$，$j\in B$。

由于目标信息存在一定的不确定性，所以对目标势的评估不能直接采用对红方无人飞行器的评估的方法。

设 $M=\{1,2,\cdots,m\}$，$N=\{1,2,\cdots,n\}$。建立以无人飞行器能力参数为元素的评价指标集合：

$$U=\{u_1,u_2,\cdots,u_m\} \tag{4-12}$$

式中，$u_i(i\in M)$表示 U 中第 i 个能力指标元素。

建立评价等级集

$$Q=\{q_1,q_2,\cdots,q_n\} \tag{4-13}$$

式中，$q_j(j\in N)$表示第 j 种评价等级的隶属度，评价等级可以采用清晰数、模糊数和简洁评语等形式来表示。

不同无人飞行器性能之间存在差异，这里以红方无人飞行器为标准对各项能力指标进行评估，并依据 0.1～0.9 标度法给出评估矩阵 $\boldsymbol{C}$：

$$\boldsymbol{C}=[c_{ij}]_{n\times m} \tag{4-14}$$

式中，$c_{ij}=(0.1+\Delta\times(i-1))\times r'\times \mathrm{es}_j$，表示第 j 项指标的第 i 个评价等级的评价

度值；$\Delta=\dfrac{0.9-0.1}{n-1}$，表示标度的步长；$r'$表示对评估范围划分的参数，须根据具体情况确定；$es_j\,(j\in B,es\subset E)$表示作为标准的无人飞行器的第 j 项能力值。

建立模糊关系矩阵 $\boldsymbol{Y}$：

$$\boldsymbol{Y}=\begin{bmatrix} y_{11} & y_{12} & \cdots & y_{1n} \\ y_{21} & y_{22} & \cdots & y_{2n} \\ \vdots & \vdots & \ddots & \vdots \\ y_{m1} & y_{m2} & \cdots & y_{mn} \end{bmatrix},\quad y_{ij}=\varphi_{ij}/s \tag{4-15}$$

式中，y_{ij} 表示 U 中能力指标元素 u_i 对应于 Q 中评价等级 q_i 的比例，由指挥人员确定；s 为指挥人员的数量；$\varphi_{ij}\,(i\in M,j\in N)$为指标 u_i 被评定为 q_i 的次数。由式(4-14)和式(4-15)可以得到模糊综合评估模型

$$T=CY^{\mathrm{T}}=[t_1,t_2,\cdots,t_m] \tag{4-16}$$

式中，$t_i\,(i\in M)$为第 i 个能力指标参数的评估值。

记 $A_2=\{1,2,\cdots,a_2\}$，根据式(4-12)～式(4-16)可以得到目标各项能力参数的评估值，再按照式(4-1)～式(4-9)计算得出第 i 个目标的第 j 个能力值 $te_{ij}\,(i\in A_2,j\in B)$，由此可以构建目标势评估矩阵 $\mathbf{TE}=[te_{ij}]_{a_2\times b}$。

4.3 基于势场的队形选择方法

4.1 节和 4.2 节分别给出了红方无人飞行器势场和目标势场的求解方法。下面结合 MATLAB 软件说明如何选择无人飞行器最佳队形。

① 根据 4.1 节中建立的无人飞行器势场模型，利用 contour 函数画出红方无人飞行编队的势场分布，如图 4-1 所示。

② 根据 4.2 节中给出的目标势场的评估方法，利用 contour 函数画出目标编队的势场分布，如图 4-2 所示。

③ 规定红方无人飞行编队产生的势场为正，目标编队产生的势场为负，利用场的叠加理论求出势场的分布。为了选择最佳队形，需要求出空间中零势线的分布。零势线分布如图 4-3 所示。

需要指出的是，在零势线上正负势场大小相等，符号相反，相互叠加后大小为零。因此，在零势线上双方的势力处于均势。零势线右上方的区域经过叠加后，势场为负，在此区域内的目标威力处于优势。零势线左下方的区域经过叠加后，势场为正，在此区域内的红方无人飞行器处于优势。

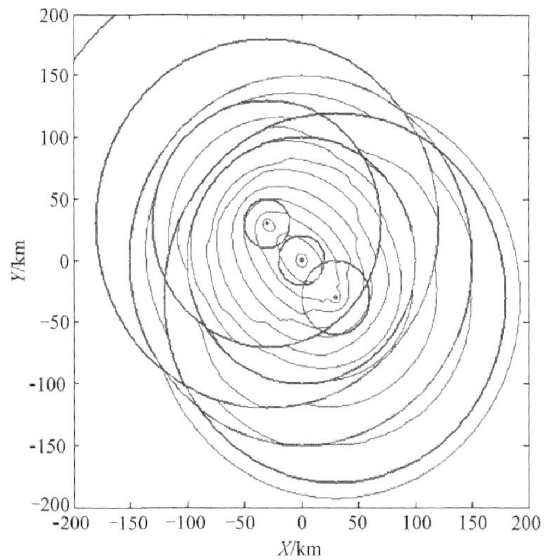

图 4-1　红方无人飞行器势场分布示意图

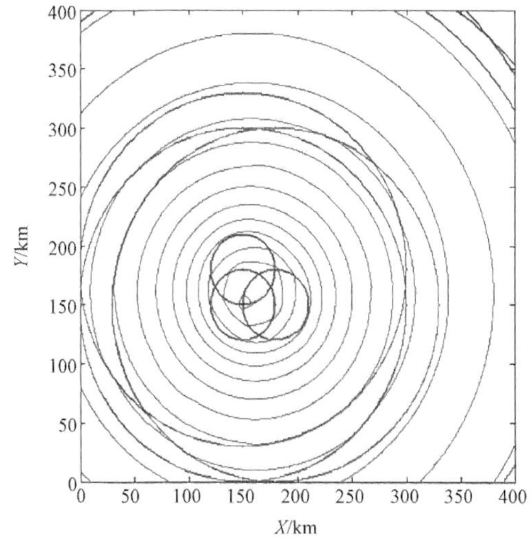

图 4-2　目标编队势场分布示意图

④ 对不同队形的红方无人飞行编队依次按照①～③中所述方法，求出空间中零势线的分布情况。比较采用不同队形时，红方编队处于优势区域的面积，优势面积越大，所选队形效果越好。

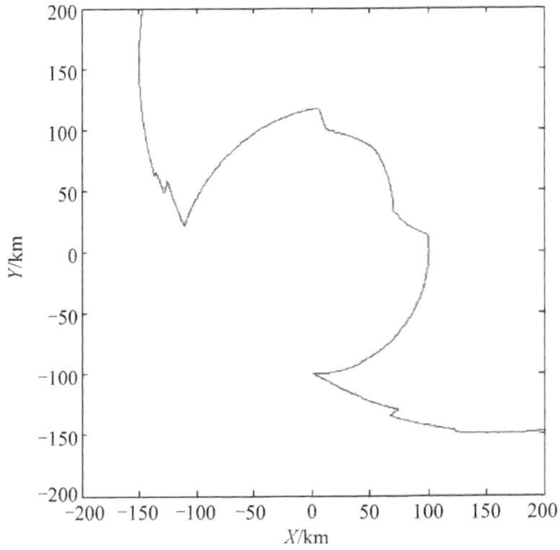

图 4-3　零势线分布示意图

4.4　势场分布计算及仿真

设红方共有 3 枚无人飞行器，编号为 1～3，其中 2 号和 3 号无人飞行器型号相同。1 号无人飞行器，2 号和 3 号无人飞行器能力指标分别见表 4-1 和表 4-2。

表 4-1　1 号无人飞行器能力指标参数

参　数	K_D	r_{max}	r_{min}	P_h	n_{max}	ω_{max}	φ_m	R_{TR}	θ_R	P_{TR}	K_1	m_1
取　值	1.5	200 km	15 km	0.8	40	30°/s	55°	60 km	60°	0.8	1	4
参　数	m^2	R_{TIR}	θ_{IR}	P_{TIR}	K_2	W	L	R_{cs}	A_{ve}	A_v	P_c	d_{max}
取　值	2	100 km	60°	0.9	1	1	6 m	0.5 m²	0.3 m²	3 m²	0.95	100 km

表 4-2　2 号和 3 号无人飞行器能力指标参数

参　数	K_D	r_{max}	r_{min}	P_h	n_{max}	ω_{max}	φ_m	R_{TR}	θ_R	P_{TR}	K_1	m_1
取　值	1.5	300 km	20 km	0.8	50	50°/s	80°	80km	80°	0.8	1	4
参　数	m_2	R_{TIR}	θ_{IR}	P_{TIR}	K_2	W	L	R_{cs}	A_{ve}	A_v	P_c	d_{max}
取　值	3	120 km	60°	0.9	1	2	10 m	0.5 m²	0.3 m²	8 m²	0.95	150 km

蓝方共有 3 枚能力不详的无人飞行器进行拦截，编号分别为 4～6。其中 4 号无人飞行器和 5 号无人飞行器型号相同，其位置坐标分别为(150，150，8)，(150,160,8)和(160,150,8)。

首先计算红方无人飞行器势场，构建势矩阵。

依据表 4-1 和表 4-2 中参数，由式(4-1)～式(4-9)计算出红方无人飞行器的各项能力并构建势矩阵：

$$\boldsymbol{E}=\begin{bmatrix}3.5541 & 10.1679 & 5.4205 & 0.9320\\ 5.0456 & 11.5212 & 4.2930 & 1.0075\end{bmatrix}$$

对目标进行评估，构建目标评估矩阵。这里以红方 1 号无人飞行器的各项能力作为评估标准，以能力为例进行评估。首先根据式(4-12)建立评价指标集合 U：

$$U=\{P_{\mathrm{h}},\varphi_{\mathrm{m}},\omega_{\max},n_{\max},K_{\mathrm{D}},r_{\max},r_{\min}\}$$

然后根据式(4-13)建立评价等级集合。这里采用 5 级评价等级，即

$$V=\{\mathrm{VP}(\text{很差}),P(\text{差}),M(\text{一般}),G(\text{好}),\mathrm{VG}(\text{很好})\}$$

依据表 4-1 所列标准，按照式(4-14)给出评估矩阵 $\boldsymbol{C}(r'=2)$，指挥人员数量为 10，根据式(4-15)求出目标任务能力的模糊关系矩阵 $\boldsymbol{Y}_1$ 和 $\boldsymbol{Y}_2$。

$$\boldsymbol{C}=[C_1\quad C_2\quad C_3\quad C_4\quad C_5\quad C_6\quad C_7]=\begin{bmatrix}0.16 & 11 & 6 & 8 & 0.3 & 40 & 3\\ 0.48 & 33 & 18 & 24 & 0.9 & 120 & 9\\ 0.80 & 55 & 30 & 40 & 1.5 & 200 & 15\\ 1.12 & 77 & 42 & 56 & 2.1 & 280 & 21\\ 1.44 & 99 & 54 & 72 & 2.7 & 360 & 27\end{bmatrix}$$

$$\begin{aligned}\boldsymbol{Y}_1&=[Y_{11}\quad Y_{12}\quad Y_{13}\quad Y_{14}\quad Y_{15}\quad Y_{16}\quad Y_{17}]\\ &=\begin{bmatrix}0.10 & 0.10 & 0 & 0.05 & 0 & 0 & 0.15\\ 0.45 & 0.15 & 0.10 & 0.15 & 0.15 & 0.25 & 0.45\\ 0.35 & 0.50 & 0.45 & 0.30 & 0.55 & 0.45 & 0.30\\ 0.05 & 0.20 & 0.40 & 0.40 & 0.25 & 0.30 & 0.05\\ 0.05 & 0.05 & 0.05 & 0.10 & 0.05 & 0 & 0.05\end{bmatrix}\end{aligned}$$

$$\begin{aligned}\boldsymbol{Y}_2&=[Y_{21}\quad Y_{22}\quad Y_{23}\quad Y_{24}\quad Y_{25}\quad Y_{26}\quad Y_{27}]\\ &=\begin{bmatrix}0.05 & 0.05 & 0 & 0 & 0.10 & 0.15 & 0.25\\ 0.40 & 0.25 & 0.20 & 0.30 & 0.20 & 0.20 & 0.35\\ 0.45 & 0.35 & 0.45 & 0.45 & 0.25 & 0.55 & 0.30\\ 0.05 & 0.30 & 0.30 & 0.20 & 0.30 & 0.05 & 0.10\\ 0.05 & 0.05 & 0.05 & 0.05 & 0.15 & 0.05 & 0\end{bmatrix}\end{aligned}$$

由式(4-16)可以求出模糊综合评估模型

$$\begin{aligned}\boldsymbol{T}_1=\boldsymbol{C}\boldsymbol{Y}_1^{\mathrm{T}}&=[C_1Y_{11}^{\mathrm{T}}\quad C_2Y_{12}^{\mathrm{T}}\quad C_3Y_{13}^{\mathrm{T}}\quad C_4Y_{14}^{\mathrm{T}}\quad C_5Y_{15}^{\mathrm{T}}\quad C_6Y_{16}^{\mathrm{T}}\quad C_7Y_{17}^{\mathrm{T}}]\\ &=[0.64\quad 53.90\quad 34.80\quad 45.60\quad 1.62\quad 204\quad 11.40]\end{aligned}$$

$$\boldsymbol{T}_2 = \boldsymbol{C}\boldsymbol{Y}_2^{\mathrm{T}} = [C_1Y_{21}^{\mathrm{T}} \quad C_2Y_{22}^{\mathrm{T}} \quad C_3Y_{23}^{\mathrm{T}} \quad C_4Y_{24}^{\mathrm{T}} \quad C_5Y_{25}^{\mathrm{T}} \quad C_6Y_{26}^{\mathrm{T}} \quad C_7Y_{27}^{\mathrm{T}}]$$
$$= [0.68 \quad 56.10 \quad 32.40 \quad 40 \quad 1.62 \quad 1.72 \quad 10.50]$$

根据式(4-2)和式(4-3)求出两种目标的任务能力分别为:3.683 4 和 3.418 7。目标其他能力皆按照此法得到,并由此构建目标势评估矩阵 **TE**:

$$\mathbf{TE} = \begin{bmatrix} 3.683\ 4 & 10.952\ 3 & 6.042\ 7 & 1.235\ 2 \\ 3.418\ 7 & 10.255\ 2 & 5.331\ 2 & 1.221\ 6 \end{bmatrix}$$

式(4-1)中指标权重 ω_1、ω_2、ω_3 分别取 0.6、0.2、0.2。利用 MATLAB 对红方无人飞行器采用横形、楔形和纵形三种编队时势场分布进行仿真。仿真结果见图 4-4～图 4-7。

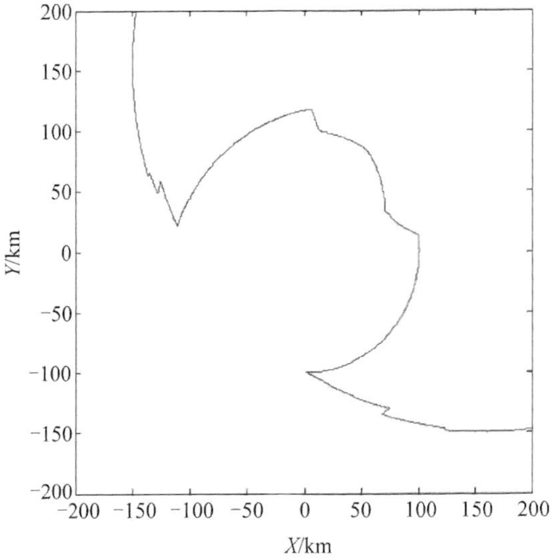

图 4-4　采用横形编队零势线分布示意图

图 4-4～图 4-6 分别表示红方采用横形编队、楔形编队和纵形编队时零势线的分布。需要指出的是,零势线上的点表示双方处于均势状态,零势线左下方区域表示红方处于优势状态,而零势线右上方区域表示蓝方处于优势状态。从图 4-7 中可直观地看出,当红方采用楔形编队时,红方处于优势的面积最大。

图 4-8～图 4-10 分别是红方采用横形、纵形、楔形编队双方队形分布。

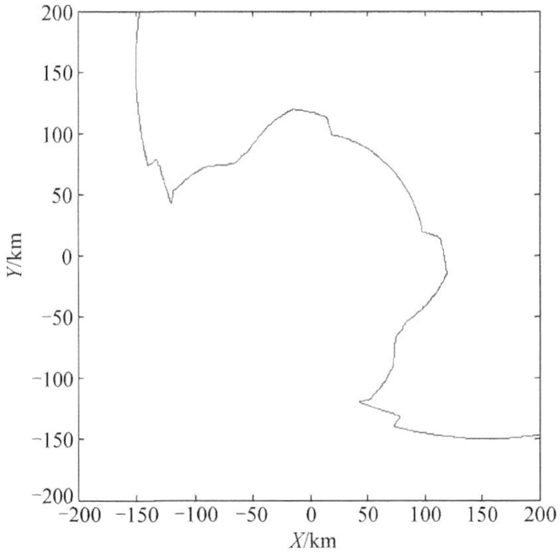

图 4-5　采用楔形编队零势线分布示意图

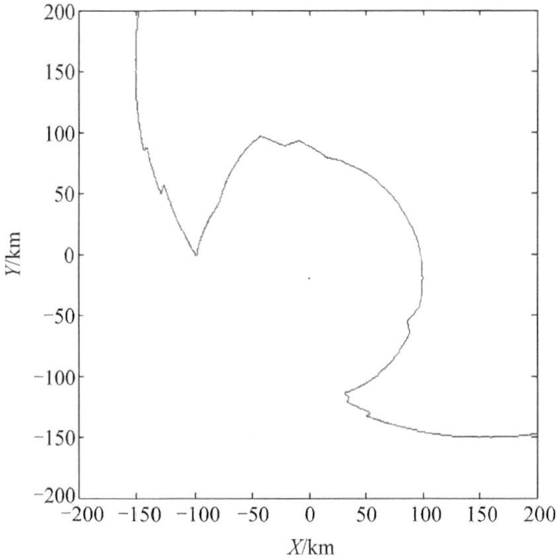

图 4-6　采用纵形编队零势线分布示意图

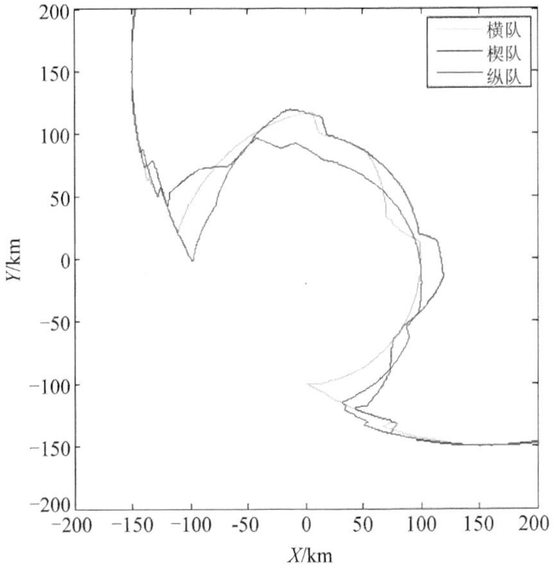

图 4－7　不同编队零势线对比效果图

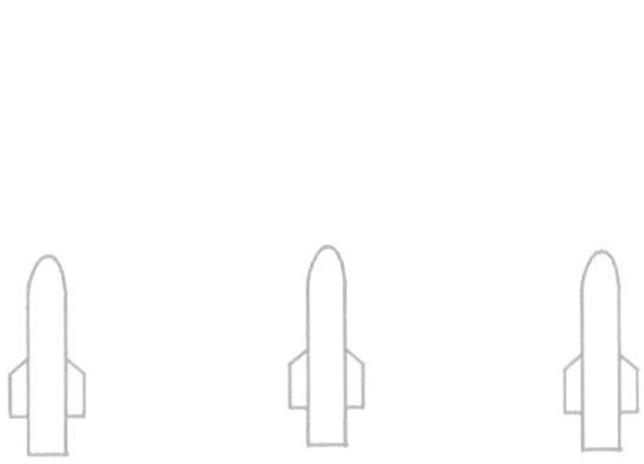

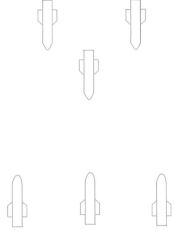

图 4－8　横形编队双方队形

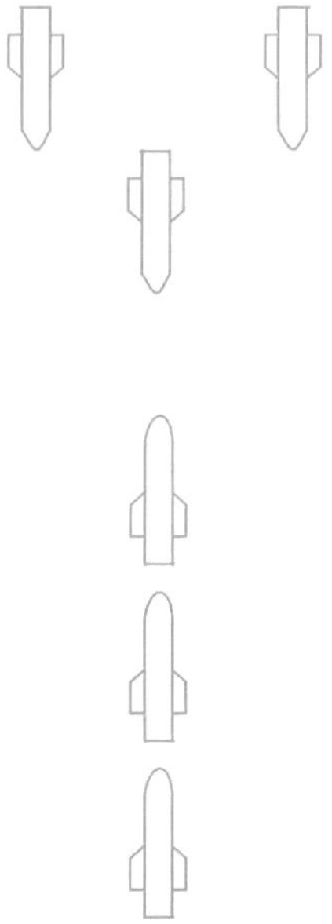

图 4-9　纵形编队双方队形

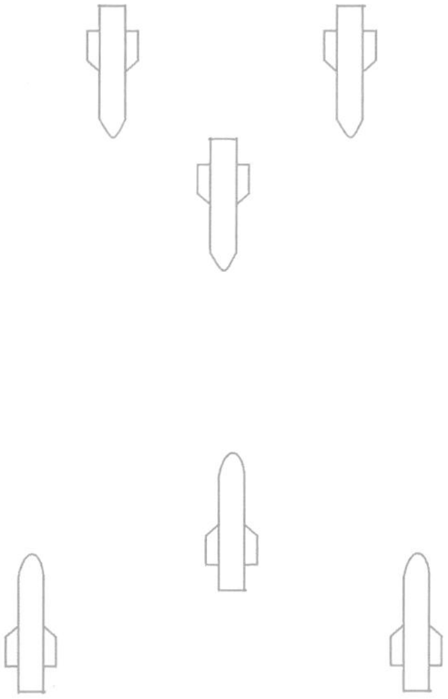

图 4-10　楔形编队双方队形

本章小结

本章通过引入无人飞行器势场模型，解决了无人飞行器最佳队形的选择问题。势场模型能够较好地将战场态势与无人飞行器性能结合起来，能够直观地描述无人飞行编队对战场空间每一点的影响，进而呈现出双方在战场空间中的优势区域。仿真结果表明，在当前态势下，楔形编队具有最佳的效果。

第5章　最小刚性编队通信拓扑优化生成

在基于距离的编队控制中，每个无人飞行器只需要感应出相邻无人飞行器的相对位置，该策略具有一些优势。由于该策略需要编队成员之间存在的通信连接是刚性的，因此可以把最小刚性编队应用到该策略中。现有文献在研究刚性编队时，都只是考虑了通信边的数量以及对应的距离，把减少通信边数量和距离的总和作为目标。这类文献给出了最优刚性图定义并提出了四个命题，论证了分布式生成最优刚性图的可行性。最优刚性编队是所有相同顶点组成的最小刚性编队中通信边距离总和最小的一种最小刚性编队。其实，除了考虑距离因素之外，还可以引入其他的评价指标，如网络复杂性和系统性能。

本章给出编队的网络复杂性计算方法和编队的 H_2 性能定义。首先，基于刚度矩阵生成最小刚性编队通信拓扑集，此后给出网络复杂性评估指标，并对拓扑进行评估；其次，采用基于刚度矩阵的方式，得到基于刚度矩阵的 H_2 性能最优编队通信拓扑生成算法，这种方法操作步骤简单，优化后系统 H_2 性能稍好于基于 Henneberg 序列的算法，但不适于大规模编队的快速生成；最后，通过添加性能要求和感知约束来定义 Henneberg 序列，给出了 H_2 最优顶点增加和边分离操作，得到基于 Henneberg 序列的 H_2 性能最优编队通信拓扑生成算法，该算法时间复杂度低，适用于大规模编队的快速生成，也可用于动态环境下编队通信拓扑的生成。

5.1　刚性编队理论

有 n 个顶点和 m 条边的无向图可以表示为 $G(V,E)$，其中 $V=\{1,2,\cdots,n\}$ 和 $E\subseteq V\times V$ 分别表示顶点集合和边的集合。考虑的图均是无向图，即边 (i,j) 和边 (j,i) 是一样的。在 d 维空间中，通过分配每个顶点一个坐标 $\boldsymbol{p}_i$（$\boldsymbol{p}_i\in\mathbf{R}^d, i\in V$），图 $G(V,E)$ 可以用来描述多无人飞行器编队通信拓扑。刚性理论研究图 G 是否能进行刚性变换（平移、旋转、反射）。下面给出有关刚性理论的定义。

$(G,\boldsymbol{p})$ 表示一个框架，矢量 $\boldsymbol{p}=(\boldsymbol{p}_1^{\mathrm{T}},\boldsymbol{p}_2^{\mathrm{T}},\cdots,\boldsymbol{p}_n^{\mathrm{T}})^{\mathrm{T}}\in\mathbf{R}^{nd}$ 表示图 G 中顶点的坐标。关于这个框架的刚度函数定义为

$$g_G(\boldsymbol{p})=(\cdots,\|\boldsymbol{e}_{ij}\|^2,\cdots)^{\mathrm{T}},\quad (i,j)\in E \tag{5-1}$$

式中，$\boldsymbol{e}_{ij}=\boldsymbol{p}_i-\boldsymbol{p}_j$，$\|\boldsymbol{e}_{ij}\|$ 表示顶点 i 和顶点 j 之间的欧氏距离。

当 $g_G(\boldsymbol{p})=g_G(\boldsymbol{q})$，即 $\|\boldsymbol{p}_i-\boldsymbol{p}_j\|=\|\boldsymbol{q}_i-\boldsymbol{q}_j\|$，$\forall(i,j)\in E$ 时，框架 $(G,\boldsymbol{p})$ 和框架 $(G,\boldsymbol{q})$ 是等价的。当 $\|\boldsymbol{p}_i-\boldsymbol{p}_j\|=\|\boldsymbol{q}_i-\boldsymbol{q}_j\|$，$\forall i,j\in V$ 时，框架 $(G,\boldsymbol{p})$ 和框架 $(G,\boldsymbol{q})$ 是全等的。当存在 $\boldsymbol{p}$ 的邻域 U_p，对 $\forall\boldsymbol{q}\in U_p$，如果框架 $(G,\boldsymbol{p})$ 等价于框架 $(G,\boldsymbol{q})$，能得到框架 $(G,\boldsymbol{p})$ 全等于框架 $(G,\boldsymbol{q})$，则称框架 $(G,\boldsymbol{p})$ 是刚性的（任意顶点之间有恒定的距离），否则称框架 $(G,\boldsymbol{p})$ 是可变形的。刚性框架和可变形框架如图 5－1(a)和(b)所示。若从图 G 删除任意一条边，刚性框架 $(G,\boldsymbol{p})$ 失去刚性，则框架 $(G,\boldsymbol{p})$ 是最小刚性的，如图 5－1(c)所示。最小刚性框架是刚性理论中一个重要概念，下面将详细介绍。

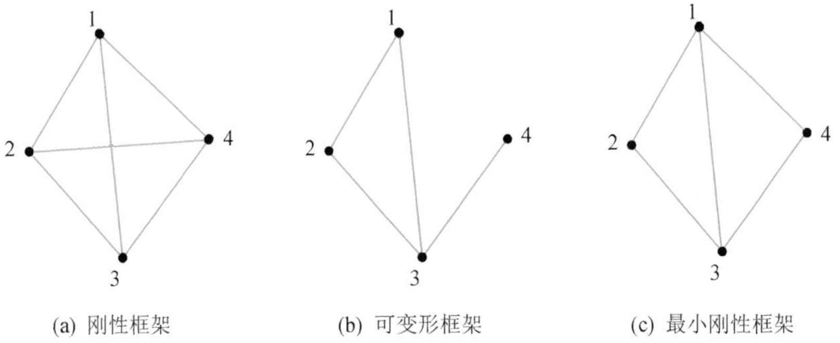

图 5－1　刚性框架和可变形框架图

刚度函数 $g_G(\boldsymbol{p})$ 是区别框架 $(G,\boldsymbol{p})$ 的关键。对于运动框架，保证 $g_G(\boldsymbol{p})$ 不变的速度分配，即 $\dot{g}_G(\boldsymbol{p})=0$，称为无穷小刚性运动，即

$$(\boldsymbol{v}_i-\boldsymbol{v}_j)^{\mathrm{T}}\boldsymbol{e}_{ij}=0,\quad(i,j)\in E \tag{5-2}$$

式中，$\boldsymbol{v}_i=\dot{\boldsymbol{p}}_i$ 表示顶点 i 的速度矢量。当框架 $(G,\boldsymbol{p})$ 的旋转、平移及其组合始终满足式(5－2)时，框架 $(G,\boldsymbol{p})$ 就是无穷小刚性的。

在 d 维空间中，存在 d 个独立的平移和 $d(d-1)/2$ 个独立的旋转。因此，对于 $n\geqslant d$ 的框架 $(G,\boldsymbol{p})$，无穷小运动形成的空间维数为

$$T(n,d)=d+d(d-1)/2=d(d+1)/2$$

式(5－2)还可以写为

$$\dot{g}_G(\boldsymbol{p})=\boldsymbol{R}(\boldsymbol{p})\dot{\boldsymbol{p}}=0$$

其中，$\boldsymbol{R}(\boldsymbol{p})=\partial g_G(\boldsymbol{p})/\partial\boldsymbol{p}\in\mathbf{R}^{m\times nd}$ 为刚度矩阵。所以当 $\mathrm{rank}(\boldsymbol{R}(\boldsymbol{p}))=nd-T(n,d)$ 时，框架 $(G,\boldsymbol{p})$ 是无穷小刚性的。

引理 5.1　框架 $(G,\boldsymbol{p})$ 是无穷小刚性的，则框架 $(G,\boldsymbol{p})$ 是刚性的。

由引理 5.1 可知，判断一个框架是否为刚性可以转换为判断一个框架是否为无

穷小刚性。无穷小刚性的判定与刚度矩阵 $\boldsymbol{R}(\boldsymbol{p})$ 的秩有关。下面介绍一种构造刚度矩阵 $\boldsymbol{R}(\boldsymbol{p})$ 的方法。

在 d 维空间某个框架 $(G,\boldsymbol{p})$ 有 n 个顶点和 $|E|$ 条边，构造一个矩阵 $\boldsymbol{M}$，其中 $\boldsymbol{M}\in\mathbf{R}^{|E|\times dn}$，先将顶点坐标按顺序排列成集合：

$$\{p_1^1,p_1^2,\cdots,p_1^d,p_2^1,p_2^2,\cdots,p_2^d,\cdots,p_n^1,p_n^2,\cdots,p_n^d\} \tag{5-3}$$

矩阵 $\boldsymbol{M}$ 的行对应于边，假设框架 $(G,\boldsymbol{p})$ 中某个边 (i,j) 对应于矩阵 $\boldsymbol{M}$ 中第 a 行，第 a 行所有元素为

$$m_{ab}=\begin{cases} p_i^1-p_j^1, b=d\cdot i-(r-1) \\ p_i^2-p_j^2, b=d\cdot i-(r-2) \\ \vdots \\ p_i^d-p_j^d, b=d\cdot i \\ p_j^1-p_i^1, b=d\cdot i-(r-1) \\ p_j^2-p_i^2, b=d\cdot i-(r-2) \\ \vdots \\ p_j^d-p_i^d, b=d\cdot i \\ 0,\text{其他} \end{cases} \tag{5-4}$$

所构造的矩阵 $\boldsymbol{M}$ 就是刚度矩阵 $\boldsymbol{R}(\boldsymbol{p})$。当知道框架 $(G,\boldsymbol{p})$ 中顶点的坐标时，可以很容易判断这个框架是否为刚性。由此可以得到最小刚性框架的判定条件，如引理 5.2。

引理 5.2　$\boldsymbol{R}(\boldsymbol{p})$ 是 d 维空间有 n 个顶点的框架 $(G,\boldsymbol{p})$ 对应的刚度矩阵。如果框架 $(G,\boldsymbol{p})$ 的边数为 $nd-T(n,d)$，即 $|E|=nd-T(n,d)$ 时，并且 $\mathrm{rank}(\boldsymbol{R}(\boldsymbol{p}))=nd-T(n,d)$，则框架 $(G,\boldsymbol{p})$ 是最小刚性的。

引理 5.2 中的条件可以用来判断（生成）最小刚性框架。在二维空间中，框架 $(G,\boldsymbol{p})$ 满足边数 $|E|=2n-3$，并且对应刚度矩阵的秩为 $\mathrm{rank}(\boldsymbol{R}(\boldsymbol{p}))=2n-3$，则该框架为最小刚性的。换句话说，只要在框架中选择 $2n-3$ 条边，使之对应的刚度矩阵的秩满足 $\mathrm{rank}(\boldsymbol{R}(\boldsymbol{p}))=2n-3$，选出来的边和该框架顶点组成的新框架就是最小刚性的。

最小刚性框架不是唯一的，相同顶点的框架可以由不同的边组成多个最小刚性框架，图 5-2 所示为两种不同的最小刚性框架。因此，如何选择合适的最小刚性框架作为编队队形，是一个非常值得研究的问题。本章引入复杂网络理论来选择最小刚性框架，具体方法见下文。

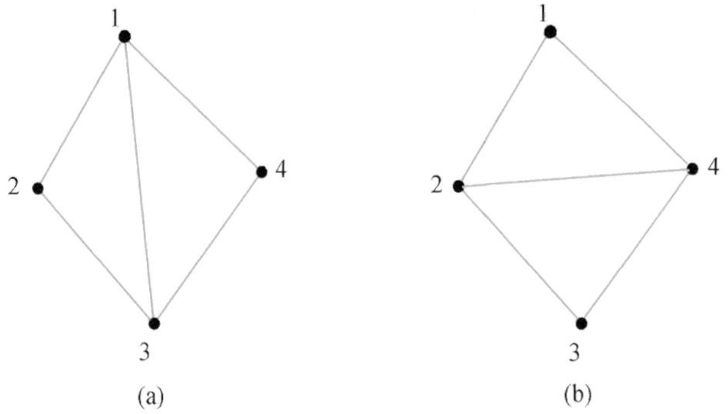

图 5-2　两种不同的最小刚性框架

5.2　最小刚性编队通信拓扑生成及网络复杂性评估

5.2.1　基于刚度矩阵的最小刚性编队通信拓扑生成方法

在二维空间中，多无人飞行器编队通信拓扑由框架$(G,\boldsymbol{p})$来表示，其中$G=(V,E)$。无人飞行器的通信范围为r。如果$\|\boldsymbol{e}_{ij}\|\leqslant r$，则顶点$i$和顶点$j$连接边属于边集$E$。在边集中选择$2n-3$条边，使之对应的刚性矩阵的秩满足$\mathrm{rank}(\boldsymbol{R}(\boldsymbol{p}))=2n-3$，记录这$2n-3$条边。遍历所有的边，可以找到最小刚性编队通信拓扑集(多无人飞行器编队中所有存在的最小刚性编队通信拓扑)记作集合A。具体算法流程如下。

步骤1：通信范围r内的顶点建立连接。将连接边数少于2的顶点删除。

步骤2：删除不符合要求的顶点后形成的框架为$G'=(V',E')$。

步骤3：在边集E'中选择$2n-3$个边组成新的边集$E_1,E_2,\cdots,E_{C^{2n-3}_{|E'|}}$。判断新边集对应框架的刚度矩阵是否满秩。将满秩的刚度矩阵对应的边集记录到$E_1,E_2,\cdots,E_m$。

步骤4：记$B=\{E_1,E_2,\cdots,E_m\}$，输出B。

5.2.2　最小刚性编队通信拓扑的网络复杂性评估方法

1. 网络拓扑评价指标

网络拓扑评价指标是研究复杂网络的基础，利用不同指标可以从不同角度对网络进行分析。下面给出常用的网络拓扑评价指标。

(1) 网络效率

网络效率是衡量网络信息交换性能的指标。网络内部信息传递效率取决于节点之间的最短路径长度,网络效率是由所有节点之间的最短路径倒数和取平均值得到的。由以上定义可知,网络效率 NE 可以表示为

$$\mathrm{NE}=\frac{1}{n(n-1)}\sum_{i\neq j}1/d_{ij} \tag{5-5}$$

式中,n 为节点个数,d_{ij} 表示网络中任两个顶点之间的最短路径距离(路径需要经过网络中存在的通信边)。

网络效率可以反映网络信息交换的效率,NE 越大,节点对之间的距离越近,编队成员越容易发生碰撞,多无人飞行器网络越复杂。网络效率能很好地反映网络内部的复杂程度,经常被用来进行网络复杂性分析。

(2) 加权连接密度

连接密度是网络中现有连边和可能存在连边之间的比值。本章评价的网络均是最小刚性的,连接密度的计算值会导致无法评价,因此本章定义加权连接密度 CD 为

$$\mathrm{CD}=\frac{2\sum_{i}^{n}\sum_{j}^{n}a_{ij}\,\|\boldsymbol{e}_{ij}\|}{n(n-1)} \tag{5-6}$$

式中,n 为节点个数,$\|\boldsymbol{e}_{ij}\|$ 表示两节点之间的欧氏距离,a_{ij} 代表网络节点之间的连接关系。如果顶点 i 和顶点 j 之间存在连接边,$a_{ij}=1$,否则 $a_{ij}=0$。

可以看出 CD 越大,通信消耗越大,网络结构越复杂。

(3) 聚集系数

聚集系数表示一个网络中节点的聚集程度。在网络中,如果节点 i 连接于节点 j,节点 j 连接于节点 k,那么节点 k 很可能与 i 相连接,这种现象体现了部分节点间存在的密集连接性质,可以用局部聚类系数来表示。在无向网络中,局部聚类系数定义为

$$C_i=\frac{2c}{k(k-1)} \tag{5-7}$$

式中,c 表示在节点 i 的所有邻居之间存在的通信边数量。

整个网络的聚集系数为所有节点的局部集聚系数的均值,由 Watts 和 Strogatz 定义为

$$\mathrm{CC}=\frac{\sum C_i}{n} \tag{5-8}$$

网络的聚集系数越大,网络中节点聚集程度越大,网络结构越复杂。

2. 熵权法求解指标权值

网络复杂性计算方法中需要知道各个指标的权值，下面采用熵权法计算指标权值，算法步骤如下。

步骤1：建立指标数据矩阵。假设参加评价的网络数量为n，评价指标的数量为m，指标数据矩阵$\boldsymbol{G}=(g_{ij})_{n\times m}$为

$$G=\begin{pmatrix} g_{11} & \cdots & g_{1m} \\ \vdots & \ddots & \vdots \\ g_{n1} & \cdots & g_{nm} \end{pmatrix} \tag{5-9}$$

式中，g_{ij}表示第i个网络中第j个指标的值。

步骤2：数据归一化，即将各个指标的数据进行归一化处理。由于各数据之间存在数量级之间的差异，故应对其进行归一化处理，指标采用min-max进行归一化，即

$$b_{ij}=\frac{g_{ij}-g_{j\min}}{g_{j\max}-g_{j\min}} \tag{5-10}$$

$$a_{ij}=\frac{b_{ij}}{\sum_{i=1}^{n} b_{ij}} \tag{5-11}$$

将初始指标数据矩阵按照上述两个公式进行标准化后得到决策矩阵$\boldsymbol{A}=(a_{ij})_{n\times m}$。

步骤3：求各指标的信息熵。根据信息熵的定义可以得到各指标的信息熵，即

$$l_j=-(\ln n)^{-1}\sum_{i=1}^{n} a_{ij}\ln a_{ij} \tag{5-12}$$

式中，$a_{ij}=0$时，令$a_{ij}\ln a_{ij}=0$。

步骤4：求各指标的权重。根据式(5-12)，计算出各个指标的信息熵值l_1，l_2，…，l_m。

通过信息熵计算各指标的权重，即

$$W_i=\frac{1-l_i}{m-\sum l_i},\quad i=1,2,\cdots,m \tag{5-13}$$

3. 复杂性计算方法

网络的复杂性应充分考虑网络效率、加权连接密度和聚集系数。具体公式为

$$C=W_1\cdot \mathrm{NE}+W_2\cdot \mathrm{CD}+W_3\cdot \mathrm{CC} \tag{5-14}$$

式中，W_1、W_2和W_3分别表示各个指标的权重。

计算由集合B中边集$E_1,E_2,\cdots,E_m$组成的通信拓扑的网络复杂性为$C_1,C_2,\cdots,C_m$，找出最小值$C_{\min}$对应的边集$E_{\min}$，边集$E_{\min}$对应的最小刚性框架就是目标编队通信拓扑。

5.3　基于 H_2 性能的编队通信拓扑优化生成

5.3.1　系统 H_2 性能分析

多无人飞行器系统利用自身搭载的传感器通过相互作用形成无线传感器网络（wireless sensor network，WSN）。本节引入 WSN 的一般模型。WSN 由两个系统层组成，局部层对应于系统中单个无人飞行器的动力学，全局层则表示相互连接的各个无人飞行器的耦合，如图 5-3 所示。

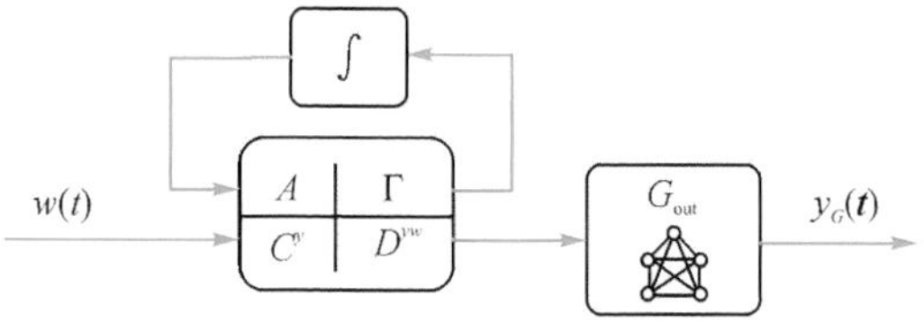

图 5-3　全局层 WSN 的框图

考虑一个由 n 个无人飞行器组成的无线传感器网络，WSN 中的每个无人飞行器都是一个单输入单输出线性时不变系统，即

$$\sum\nolimits_i \begin{cases} \dot{x}_i = A_i \boldsymbol{x}_i + B_i \boldsymbol{u}_i + \Gamma_i \boldsymbol{\omega}_i \\ \boldsymbol{y}_i = C_i \boldsymbol{x}_i + D_i \boldsymbol{u}_i \end{cases} \tag{5-15}$$

式中，$\boldsymbol{x}_i \in \mathbf{R}^n$ 为无人飞行器 i 的状态变量；$\boldsymbol{u}_i \in \mathbf{R}^m$ 为无人飞行器 i 的输入量；$\boldsymbol{y}_i \in \mathbf{R}^m$ 为无人飞行器 i 的输出量，$\boldsymbol{\omega}_i \in \mathbf{R}^p$ 是外部干扰（本节讨论的外部干扰是通信系统产生的热噪声，而热噪声是典型的高斯白噪声）。

每个无人飞行器采用状态空间描述自身动力学，不使用来自 WSN 的信息，这可以被认为是一种内环式的控制设计；后文中将每个无人飞行器采用单积分和双积分建模，使用来自 WSN 的信息与其他无人飞行器进行耦合，这可以被认为是一种外环式的控制设计。

进一步假设所有的运动都限制在二维平面上，无人飞行器 i 在二维空间中的位置 $\boldsymbol{p}_i$ 可以表示为

$$\boldsymbol{p}_i = \begin{bmatrix} 1 & 0 & 0 & \cdots & 0 \\ 0 & 1 & 0 & \cdots & 0 \end{bmatrix} \boldsymbol{x}_i = C_r \boldsymbol{x}_i \tag{5-16}$$

所有无人飞行器的相互连接可以通过单个无人飞行器对应系统的串联来表示状态、输入和输出，并通过块对角线完成每个无人飞行器的状态空间矩阵的聚合，如

$$\boldsymbol{X} = [\boldsymbol{x}_1^{\mathrm{T}}, \boldsymbol{x}_2^{\mathrm{T}}, \cdots, x_n^{\mathrm{T}}]^{\mathrm{T}} \tag{5-17}$$

$$\boldsymbol{A}=\mathrm{diag}(\boldsymbol{A}_1,\boldsymbol{A}_2,\cdots,\boldsymbol{A}_n) \tag{5-18}$$

式中，$\boldsymbol{X}$、$\boldsymbol{A}$ 表示扩展的状态空间。

由于基于距离的控制只需要知道无人飞行器之间相对位置信息，故无人飞行器 i 和无人飞行器 j 之间的输出可以用 $\boldsymbol{y}_i-\boldsymbol{y}_j$ 来表示。WSN 的输出包含每个无人飞行器和其邻居的相对位置信息，因此可以用图的关联矩阵来定义 WSN 的输出，如

$$\boldsymbol{y}_G(t)=(\boldsymbol{H}^{\mathrm{T}}\otimes \boldsymbol{I}_2)\,\boldsymbol{y}(t) \tag{5-19}$$

式中：$\boldsymbol{y}_G(t)$ 表示 WSN 的输出；$\boldsymbol{H}$ 表示图 G 的关联矩阵，其中图 G 表示 WSN 通信拓扑，$\boldsymbol{I}_2$ 表示 2 阶单位矩阵。

使用有向图的关联矩阵，关联矩阵 $\boldsymbol{H}=[h_{ij}]\in\mathbf{R}^{n\times m}$ 的行和列分别对应图 $G=(V,E)$ 的顶点和边。在关联矩阵 $\boldsymbol{H}$ 中，边 $(i,j)\in E$ 对应的列第 i 行为 1，第 j 行为 -1，其余位置元素均为 0，其中顶点集合 $V=\{1,2,\cdots,n\}$，边集 E 中元素个数为 $|E|=m$。

利用上述符号，可以用一种紧凑的形式来表示 WSN

$$\sum(G)\begin{cases}\dot{\boldsymbol{x}}=\boldsymbol{A}\boldsymbol{x}+\boldsymbol{B}\boldsymbol{u}+\boldsymbol{\Gamma}\boldsymbol{\omega}\\ \boldsymbol{y}=\boldsymbol{C}\boldsymbol{x}+\boldsymbol{D}\boldsymbol{u}\\ \boldsymbol{y}_G=(\boldsymbol{H}^{\mathrm{T}}\otimes \boldsymbol{C}_r)\,\boldsymbol{x}\end{cases} \tag{5-20}$$

WSN 的 H_2 性能可以用来衡量外部干扰对输出的影响程度，WSN 中每个无人飞行器的 H_2 性能可以用来表示 WSN 的 H_2 性能。

单个无人飞行器对应的线性系统 H_2 性能的计算方法有很多种，一种方法采用系统的能观格拉姆矩阵，另一种方法采用系统的能控格拉姆矩阵。基于式(5－15)中的动力学方程，单个无人飞行器(来自外部干扰)的能控格拉姆矩阵定义为

$$\boldsymbol{X}_c^{(i)}=\int_0^{\infty}\mathrm{e}^{\boldsymbol{A}_i t}\boldsymbol{\Gamma}_i\boldsymbol{\Gamma}_i^{\mathrm{T}}\mathrm{e}^{\boldsymbol{A}_i^{\mathrm{T}} t}\,\mathrm{d}t \tag{5-21}$$

式中，$\boldsymbol{A}_i$ 为系统矩阵，$\boldsymbol{\Gamma}$ 为干扰矩阵。

每个无人飞行器的 H_2 性能从外部干扰到输出可以表示为

$$\|\boldsymbol{h}_i^{y\omega}\|_2^2=\mathrm{trace}(\boldsymbol{C}_i^y\boldsymbol{X}_c^{(i)}(\boldsymbol{C}_i^y)^{\mathrm{T}}) \tag{5-22}$$

式中，$\|\cdot\|_2$ 表示系统的 H_2 性能。

定义 5.1　式(5－20)中 WSN 的 H_2 性能可以表示为

$$\left\|\sum(G)\right\|_2=\|\boldsymbol{Q}\boldsymbol{H}\|_{\mathrm{F}} \tag{5-23}$$

式中，$\boldsymbol{Q}=\mathrm{diag}(\|h_1^{yw}\|_2,\|h_2^{yw}\|_2,\cdots,\|h_n^{yw}\|_2)$，$n$ 表示编队中无人飞行器的个数，$\|\cdot\|_{\mathrm{F}}$ 表示矩阵的 Frobenius 范数。

因为 WSN 的 H_2 性能计算公式中出现关联矩阵，所以可以把 WSN 的性能问题

视为通信拓扑选择问题，每个无人飞行器都应该选择 H_2 性能小的邻居（无人飞行器）进行通信，以使式（5-20）中系统 H_2 性能最小。这将在 5.3.2 小节和 5.3.3 小节中详细讨论。

5.3.2　基于刚度矩阵的 H_2 性能最优编队通信拓扑生成算法

在本节中，给出在平面上 H_2 性能最优编队通信拓扑优化生成算法。除了考虑系统中每个无人飞行器的感知范围外，还引入 WSN 的 H_2 性能。算法目标是找到一个编队通信拓扑使得系统的 H_2 性能最小。

在 5.1 节中已经阐述了刚性理论的相关知识，可以从 H_2 性能的角度来优化编队通信拓扑，将 H_2 性能最优编队通信拓扑与最小刚性编队通信拓扑联系起来。H_2 性能最优编队通信拓扑满足

$$\min_G \left\| \sum(G) \right\|_2 \tag{5-24}$$

推论 5.1　基于 H_2 性能最优的编队通信拓扑是最小刚性编队通信拓扑。

证明：对于 WSN，系统的 H_2 性能可以表示为

$$\| \boldsymbol{QH} \|_F = \sum\nolimits_i n_i \left\| \sum\nolimits_i \right\|_2$$

其中，n_i 是无人飞行器 i 的度，表示与无人飞行器 i 建立通信的无人飞行器的数目。

如果在 WSN 中添加一个新的边 e，易知会增加 WSN 的 H_2 性能，如

$$\| Q[H \quad h] \|_F = \| Q[H] \|_F + \| Qh \|_F$$

因此，具有最小边数的编队通信拓扑将最小化 WSN 的 H_2 性能。

综上可知，推论 5.1 成立。

证明了 H_2 性能最优编队通信拓扑是最小刚性编队通信拓扑之后，可以采用基于刚度矩阵的方法生成 H_2 性能最优编队通信拓扑。由引理 5.1 可知，在二维平面中有 n 个顶点的框架，如果框架对应的刚度矩阵秩为 $2n-3$，则该框架是刚性的。结合引理 5.2 可以推出，如果一个只有 $2n-3$ 条边的框架，其对应的刚度矩阵行满秩，则该框架为最小刚性的。通过把 WSN 中存在通信的两个无人飞行器的 H_2 性能和作为边权，找到边权最小的 $2n-3$ 个边组成编队通信拓扑，并且该编队通信拓扑对应的刚度矩阵行满秩，则该编队通信拓扑就是 H_2 性能最优编队通信拓扑。下面给出算法的详细过程。

步骤 1：对应于式（5-15）中 n 个动态无人飞行器，由集合 $V=\{1,2,\cdots,n\}$ 表示，每个无人飞行器的 H_2 性能为 $\left\| \sum_i \right\|_2$，通信范围为 r，图 $G=(V,E)$ 对应的编队是初始编队，E 是在通信范围内建立的通信边的集合。

步骤 2：根据每个无人飞行器的 H_2 范数给边赋权 $\omega(e_i)=\left\| \sum_k \right\|_2+\left\| \sum_l \right\|_2$，

其中 $e_i=(k,l)\in E,i\in V$，按照权重给边排序，如 $\omega(e_1)\leqslant\cdots\leqslant\omega(e_{|E|})$。

步骤 3：设 $G^*=(V,E^*)$，其中 $E^*=\Phi$。根据上述边的序列建立刚度矩阵 $\boldsymbol{M}_c$，令 $i=1$，初始化 $\boldsymbol{M}$，作为 $\boldsymbol{M}_c$ 的首行。

步骤 4：若 $i>|E|$，则转入步骤 8，否则计算 $\boldsymbol{M}$ 的秩；

步骤 5：若 $\boldsymbol{M}$ 的秩为 $2n-3$，则转入步骤 9，否则把 $\boldsymbol{M}_c$ 的下一行添加到 $\boldsymbol{M}$ 形成新的矩阵 $\boldsymbol{M}'$。

步骤 6：若 $\boldsymbol{M}'$ 是行满秩，则令 $\boldsymbol{M}=\boldsymbol{M}'$，记录此行对应的边到 E^*。

步骤 7：令 $i=i+1$，然后转入步骤 4。

步骤 8：图 G 中不存在 H_2 性能最优编队通信拓扑，输出 $G=\text{null}$，直接返回。

步骤 9：令 $E=E^*$，图 G 是 H_2 性能最优编队通信拓扑，输出图 G。

算法的时间复杂度主要由步骤 4 决定，而步骤 4 最多需要计算 $|E|$ 次，并且第 i 次计算矩阵 $\boldsymbol{M}$ 的秩的时间复杂度为 $O(m_i^3)$，其中 m_i 为第 i 次计算时 $\boldsymbol{M}$ 的行数。由于算法运行时最好的情况是每次加入 $\boldsymbol{M}_c$ 的新行都能满足步骤 6 中的要求，此时步骤 4 只需要计算 $2n-3$ 次，因此算法的时间复杂度至少为

$$O\left(\sum_{i=1}^{n}m_i^3\right)=O((n(n+1)/2)^2) \tag{5-25}$$

该算法是一种遍历性算法，优化后系统 H_2 性能稍好于基于 Henneberg 序列的算法。但是该算法的时间复杂度大，适于小规模编队通信拓扑的快速生成，不适于大规模编队通信拓扑的生成。下面给出基于 Henneberg 序列的算法。

5.3.3 基于 Henneberg 序列的 H_2 性能最优编队通信拓扑生成算法

定义 5.2 在二维空间中每个最小刚性框架均可作为一个 Henneberg 序列的结果而获得。

定义 5.2 指出了任意最小刚性框架均可利用两种顶点操作而获得。根据定义 5.2，有如下引理。

引理 5.3 增加顶点：在二维空间中，图 $G(V,E)$ 中存在两个不同的顶点 j 和 k。增加新的顶点 $i,u\notin V$，并连接新的边 (i,j) 和 (i,k) 组成新的图 $G^*=(V^*,E^*)$。图 $G^*=(V^*,E^*)$ 为最小刚性图当且仅当图 $G(V,E)$ 是最小刚性图。具体操作如图 5-4 所示。

引理 5.4 边分离：在二维空间中，图 $G(V,E)$ 中存在三个不同的顶点 l,j 和 k，并且边 (l,j) 存在连接。删除边 (l,j) 和增加边 $(i,l),(i,j),(i,k)$ 组成新的图 $G^*=(V^*,E^*)$。图 $G^*=(V^*,E^*)$ 为最小刚性图，当且仅当图 $G(V,E)$ 是最小刚性图。具体操作如图 5-5 所示。

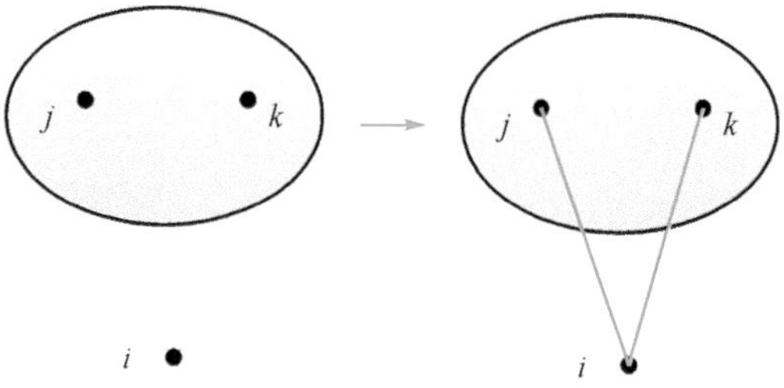

图 5-4 增加顶点操作

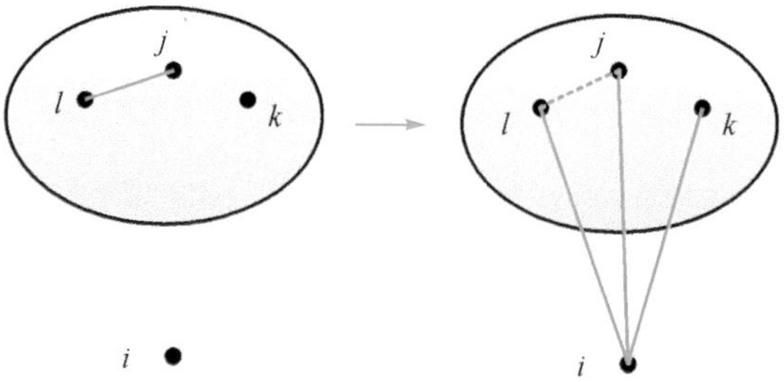

图 5-5 边分离操作

在 Henneberg 序列的一般顶点增加或边分离步骤中，一个新顶点可以附加到框架中的任何顶点上。然而，当考虑传感和通信受限的动态系统时，可用于连接的顶点是有限的。系统中无人飞行器只能与其邻居建立通信。因此，需要根据新顶点的“通信范围”和最优性建立新边的标准来修改 Henneberg 序列。下面具体介绍两种操作。

假设无人飞行器的通信范围为 r，则无人飞行器通信范围内的无人飞行器集定义为

$$N_i=\{j\in V, \|\boldsymbol{p}_i-\boldsymbol{p}_j\|\leqslant r\} \tag{5-26}$$

推论 5.2 H_2 最优顶点增加：假设 $G=(V,E)$ 是 H_2 性能最优编队通信拓扑，对应于式(5-20)中的 WSN。考虑新的无人飞行器 $\sum_u$ 不在这个 WSN 中，即顶点 $u\notin V$，位置为 q_u。另外，假设 $N_u\geqslant 2$，使得 $G^*=(V\cup u,E^*)$是通过连接新的边(u,i)和(u,j)，其中 $i,j\in N_u$ 得到的新图，并且在集合 N_u 中无人飞行器 i 和 j 的 H_2 性能最小，即 $\|\sum_i\|_2$ 和 $\|\sum_j\|_2$ 最小。那么 G^* 是最小刚性编队通信拓扑，对应的 WSN 是 H_2 性能最优编队通信拓扑。

证明：由于该操作的本质是增加顶点操作，故由推论 1 易知 G^* 是最小刚性框架。增加新的边(u,i)和(u,j)，使得系统 H_2 性能增加为 $2\|\sum_u\|_2+\|\sum_i\|_2+\|\sum_j\|_2$。由于在集合 N_u 中无人飞行器 i 和 j 的 H_2 性能最小，所以对应的 WSN 是 H_2 性能最优编队通信拓扑。

推论 5.3 H_2 最优边分离：假设 $G=(V,E)$ 是 H_2 性能最优编队通信拓扑，对应于式(5-20)中的 WSN。考虑新的无人飞行器 $\sum_u$ 不在这个 WSN 中，即顶点 $u \notin V$，位置为 $\boldsymbol{p}_u$。另外，假设 $N_u \geqslant 3$，并且在集合中至少两个邻居存在连接，使得 $G^*=(V \cup u, E^*)$ 是通过连接边 (u,i)，(u,j)，(u,k) 和删除边 (i,j)（其中 $i,j,k \in N_u$）得到的新图，并且在集合 N_u 中无人飞行器 k 的 H_2 性能最小，即 $\left\|\sum_k\right\|_2$ 最小。那么 G^* 是最小刚性编队通信拓扑，对应的 WSN 是 H_2 性能最优编队通信拓扑。

证明：由于该操作的本质还是边分离操作，故由推论 4 易知 G^* 是最小刚性框架。增加新的边 (u,i)，(u,j)，(u,k) 和删除旧边 (i,j)，使得系统 H_2 性能增加为 $3\left\|\sum_u\right\|_2+\left\|\sum_k\right\|_2$。由于在集合 N_u 中无人飞行器 k 的 H_2 性能最小，所以对应的 WSN 是 H_2 性能最优编队通信拓扑。

由推论 5.2 和推论 5.3 得到了生成 H_2 性能最优编队通信拓扑的算法，在算法的每个阶段，无人飞行器必须通过增加顶点或边分离操作来加入编队，具体执行哪种操作将以哪一种操作会产生更好的 H_2 性能来决定。假设推论 5.2 和推论 5.3 中关于集合 $N(u,t)$ 的假设都成立，并将 G_v^* 表示为使用 H_2 最优顶点增加操作得到的图，G_e^* 作为使用 H_2 最优边分离操作获得的图，有

$$\left\|\sum G_v^*\right\|_2^2=\left\|\sum G\right\|_2^2+2\left\|\sum_u\right\|_2^2+\left\|\sum_k\right\|_2^2+\left\|\sum_l\right\|_2^2 \tag{5-27}$$

$$\left\|\sum G_e^*\right\|_2^2=\left\|\sum G\right\|_2^2+3\left\|\sum_u\right\|_2^2+\left\|\sum_k\right\|_2^2 \tag{5-28}$$

在集合 N_u 中无人飞行器 k 的 H_2 性能最小，无人飞行器 l 的 H_2 性能仅仅大于无人飞行器 k。因此，决定使用哪种操作方法需要根据下面的表达式选择最小值：

$$\min\left\{2\left\|\sum_u\right\|_2^2+\left\|\sum_k\right\|_2^2+\left\|\sum_l\right\|_2^2, 3\left\|\sum_u\right\|_2^2+\left\|\sum_k\right\|_2^2\right\} \tag{5-29}$$

算法从最小权边（初始边）开始，根据顶点的 H_2 性能进行顶点的添加；H_2 最优边分离操作并不是唯一的，所以解决方案也并非唯一的。下面给出详细的算法过程。

步骤 1：对应于式(5-15)中 n 个动态无人飞行器，由集合 $V=\{1,2,\cdots,n\}$ 表示，每个无人飞行器的 H_2 性能为 $\left\|\sum_i\right\|_2$，通信范围为 r，图 $G=(V,E)$ 对应的编队是初始编队，E 是所有可能的边的集合。

步骤 2：根据每个无人飞行器的 H_2 范数给边赋权，$\omega(e_i)=\left\|\sum_k\right\|_2+\left\|\sum_l\right\|_2$，其中 $e_i=(k,l)\in E$，$i \in V$，按照权重给边排序，如 $\omega(e_1)\leqslant\cdots\leqslant\omega(e_{|E|})$。

步骤 3：设 $G^*=(V^*,E^*)$，令 $V^*=\{a,b\}$，$E^*=\{e_1=(v_a,v_b)\}$，$i=2$。

步骤 4：若 $i>n-1$，则转入步骤 8，否则令集合 $\Omega=\{v\in(V-V^*) \| V^* \cap N_v \geqslant 2\}$，选出顶点 u，使得 $u=\operatorname{argmin}_{i\in\Omega}\left\|\sum_i\right\|_2$。

步骤 5:若集合 N_u 中任意两个点不连接,$i=i+1$,进行 H_2 最优顶点增加操作(新增加的边为 e_j 和 e_k),使得 $G^*=(V^*\cup\{u\},E^*\cup\{e_j,e_k\})$,转入步骤 4,否则进入步骤 6。

步骤 6:若 $N(u,t)=2$,$i=i+1$,进行 H_2 最优顶点增加操作(新增加的边为 e_j 和 e_k),使得 $G^*=(V^*\cup\{u\},E^*\cup\{e_j,e_k\})$,转入步骤 4,否则转入步骤 7。

步骤 7:若 $N_u\geqslant 3$,$i=i+1$,运用式(5-29)对比两种操作对系统性能的影响,决定是进行 H_2 最优顶点增加操作(新增加的边为 e_j 和 e_k)还是 H_2 最优边分离(新增加的边为 e_j,e_k,e_l 和删除的边 e_m),使得 $G^*=(V^*\cup\{u\},E^*\cup\{e_j,e_k\})$或者$G^*=(V^*\cup\{u\},E^*\cup\{e_j,e_k,e_l\}-e_m)$,然后转入步骤 4。

步骤 8:图 G^* 是 H_2 性能最优编队通信拓扑,输出图 G^*。

算法的时间复杂度主要由步骤 4 决定,第 i 次选出顶点 u 的时间复杂度为 $O(n_i^3)$,其中 n_i 为第 i 次计算时集合 Ω 的个数。由于算法运行时最好的情况是,集合 Ω 中元素的个数为 1 个。步骤 4 需要计算$(n-2)$次,因此算法的时间复杂度至少为

$$O\left(\sum_{i=3}^{n}n_i^3\right)=O(n-2) \tag{5-30}$$

虽然基于刚度矩阵的算法优化后系统 H_2 性能稍好于基于 Henneberg 序列的算法,但对比式(5-25)和式(5-30)不难发现,基于 Henneberg 序列的算法时间复杂度要明显低于基于刚度矩阵的算法。对于大规模编队,采用基于 Henneberg 序列的算法要优于基于刚度矩阵的算法。

对于多无人飞行器编队通信拓扑中节点失效的情况,可以采用基于 Henneberg 序列的 H_2 性能最优编队通信拓扑生成算法快速完成编队通信拓扑的生成;对于多无人飞行器编队通信拓扑中节点增加的情况,由于增加顶点操作以及边分离操作不影响编队的刚性,故该算法可以在动态环境中保证编队的刚性。

5.4 仿真验证

5.4.1 最小刚性编队通信拓扑的网络复杂性评估方法仿真验证

假设二维空间中多无人飞行器编队有 8 个成员,并且通信范围限制为 $r=15$ m。这些成员的位置都是随机选取的。首先,随机生成 200 个顶点数为 8 的框架,采用 5.2.2 节中的熵权法对三个指标的权重进行求解,具体过程如下。

步骤 1:建立初始指标数据矩阵,参加评价的网络数量为 200,评价指标的数量为 3,初始指标数据矩阵 $\boldsymbol{G}=(g_{ij})_{200\times 3}$ 为

$$\boldsymbol{G}=\begin{bmatrix} 5.9941 & 6.4942 & 1.4792 \\ 6.3340 & 5.6948 & 0.7083 \\ 6.1879 & 6.3957 & 0.8048 \\ \vdots & \vdots & \vdots \\ 8.7244 & 4.9811 & 0.9702 \\ 7.1983 & 4.6103 & 0.8536 \\ 7.7353 & 5.4116 & 0.8464 \end{bmatrix} \tag{5-31}$$

步骤 2:数据标准化,将各个指标的数据进行标准化处理,得到决策矩阵 $\boldsymbol{A}$ 为

$$\boldsymbol{A}=\begin{bmatrix} 0.0036 & 0.0070 & 0.0108 \\ 0.0041 & 0.0056 & 0.0047 \\ 0.0039 & 0.0068 & 0.0040 \\ \vdots & \vdots & \vdots \\ 0.0075 & 0.0043 & 0.0063 \\ 0.0053 & 0.0036 & 0.0053 \\ 0.0061 & 0.0051 & 0.0052 \end{bmatrix} \tag{5-32}$$

步骤 3:求各指标的信息熵,得

$$[l_1,l_2,l_3]=[0.9894,0.9907,0.9921] \tag{5-33}$$

步骤 4:确定各个指标的权重,得

$$\boldsymbol{W}=[W_1,W_2,W_2]=[0.3806,0.3359,0.2835] \tag{5-34}$$

最后按照 5.3.1 节所提算法,求得最小刚性编队通信拓扑集,并采用网络复杂性评估方法评价集合中的通信拓扑,仿真结果如图 5-6～图 5-9 所示。图 5-6 是采

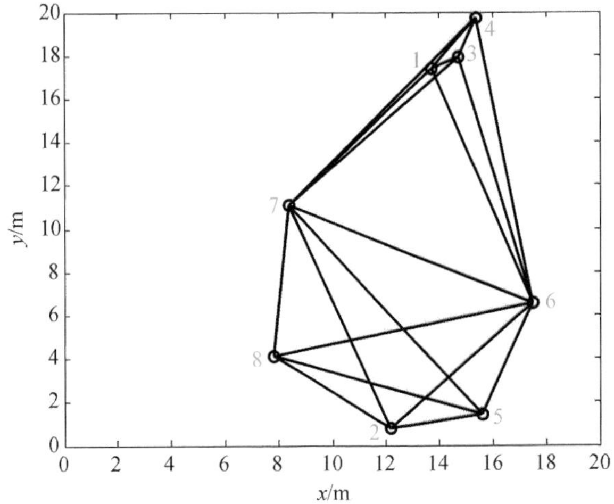

图 5-6　采用领域规则得到的编队通信拓扑

用邻域规则得到的编队通信拓扑，即无人飞行器与所有邻居建立通信连接；图 5－7～图 5－9 是最小刚性编队通信拓扑集中的其中三种编队通信拓扑，其中图 5－7 的网络复杂性为 5.229 9，是最小刚性编队通信拓扑集中复杂性最大的通信拓扑；图 5－8 所示为在最小刚性编队通信拓扑集中随机选择的一种通信拓扑，它的复杂度是 4.573 1；图 5－9 所示为最小刚性编队通信拓扑集中复杂性最小的通信拓扑，它的网络复杂性最小为 3.848 1。图 5－6 中编队的通信边的数量为 19 个，而图 5－7～图 5－9 中编队的通信边的数量都只有 13 个，因此，最小刚性编队可以有效地减少编队中通信边的数量。

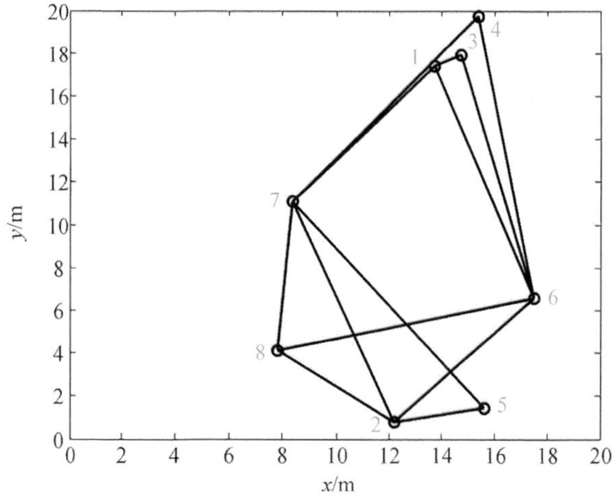

图 5－7　最大复杂性对应的最小刚性编队通信拓扑

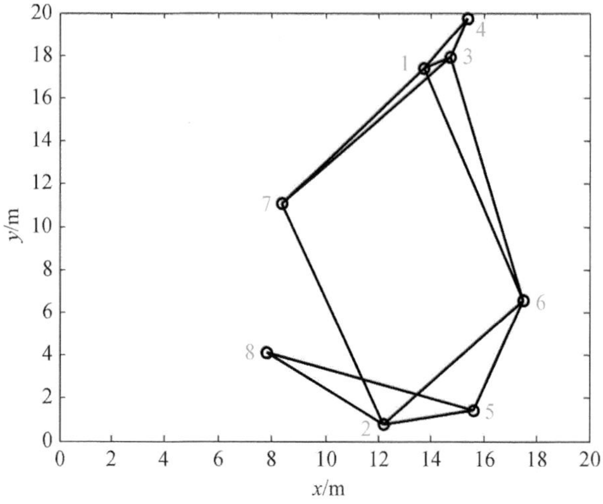

图 5－8　随机选择的一个最小刚性通信拓扑

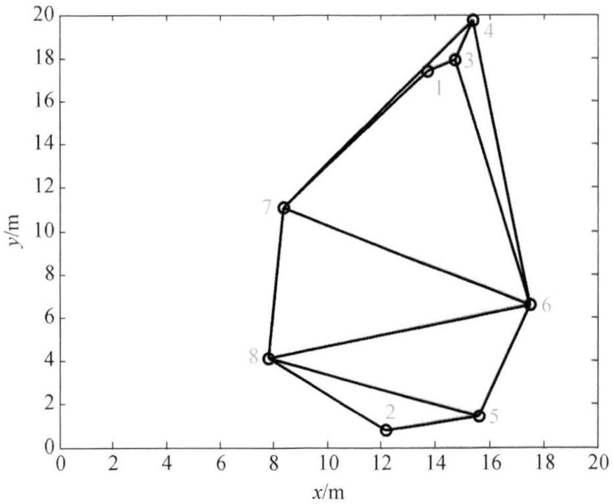

图 5-9　最小复杂性对应的最小刚性编队通信拓扑

5.4.2　基于 H_2 性能的编队通信拓扑优化生成仿真验证

本节通过不同规模的多无人飞行器编队的仿真来验证算法的有效性。在二维空间中，列举包含 n 个无人飞行器的编队，所有无人飞行器随机分布在平面上，无人飞行器的通信半径为 r。在 MATLAB 中为每个无人飞行器分配一个随机稳定的 SISO 状态空间模型，仿真结果见表 5-1～表 5-4 和图 5-10～图 5-21。

表 5-1 是通信范围 $r=15$ m 时本章所提算法得到的不同规模编队的 H_2 性能；表 5-2 是通信范围 $r=20$ m 时本章所提算法得到的不同规模编队的 H_2 性能。由表 5-1 和表 5-2 可知，相比于采用邻域规则得到的编队通信拓扑，两种编队通信拓扑生成算法很大程度上减少了系统 H_2 性能；当编队规模一定时，两种编队通信拓扑生成算法都是无人飞行器通信范围大的系统 H_2 性能要优于通信范围小的系统；当无人飞行器通信范围一定时，对比系统的 H_2 性能，基于刚度矩阵的编队生成算法要优于基于 Henneberg 序列的编队生成算法，但是对比式(5-25)和式(5-30)，不难发现基于 Henneberg 序列的算法时间复杂度要明显低于基于刚度矩阵的算法；对于大规模编队，基于 Henneberg 序列的算法要优于基于刚度矩阵的算法。由表 5-3 和表 5-4 可知，本章所得编队通信拓扑减少了编队通信边的数量，降低了通信拓扑的复杂度，减少了编队成员能量消耗。

表5-1　$r=15$ m时两种算法得到的不同规模编队的 H_2 性能

编队规模 n	10	30	50	100
领域规则	7.885 0	72.276 6	120.921 3	265.251 8
基于刚度矩阵	2.418 8	14.907 9	29.089 1	43.411 8
基于 Henneberg 序列	2.418 8	15.157 0	30.006 8	44.889 9

表5-2　$r=20$ m时两种算法得到的不同规模编队的 H_2 性能

编队规模 n	10	30	50	100
领域规则	9.677 0	107.014 8	201.121 3	432.265 5
基于刚度矩阵	2.306 6	13.999 6	26.351 7	40.420 7
基于 Henneberg 序列	2.306 6	13.999 6	26.741 2	40.463 2

表5-3　$n=10$ 时不同编队中通信边的数量

通信范围/m	邻域规则	基于刚度矩阵	基于 Henneberg 序列
$r=15$	39	17	17
$r=20$	44	17	17

表5-4　$n=50$ 时不同编队中通信边的数量

通信范围/m	邻域规则	基于刚度矩阵	基于 Henneberg 序列
$r=15$	239	97	97
$r=20$	358	97	97

多无人飞行器编队规模 $n=10$ 时的仿真结果见表5-3和图5-10～图5-15。图5-10和图5-13是采用邻域规则得到的通信拓扑，即每个无人飞行器与通信范围内的所有邻居进行通信；图5-11和图5-14为基于刚度矩阵得到的 H_2 性能最优编队通信拓扑；图5-12和图5-15为基于 Henneberg 序列得到的 H_2 性能最优编队通信拓扑。由表5-3可知，两种编队通信拓扑生成算法得到的通信拓扑中通信边的数量只有采用邻域规则得到的通信拓扑的一半左右。

多无人飞行器编队规模 $n=50$ 时仿真结果见表5-4和图5-16～图5-21。图5-16和图5-19为采用邻域规则得到的编队通信拓扑；图5-17和图5-20为基于刚度矩阵得到的 H_2 性能最优编队通信拓扑；图5-18和图5-21为基于 Henneberg 序列生成的 H_2 性能最优编队通信拓扑。由表5-3和表5-4可知，编队规模越大，两种编队通信拓扑生成算法减少的通信边的数量越多。

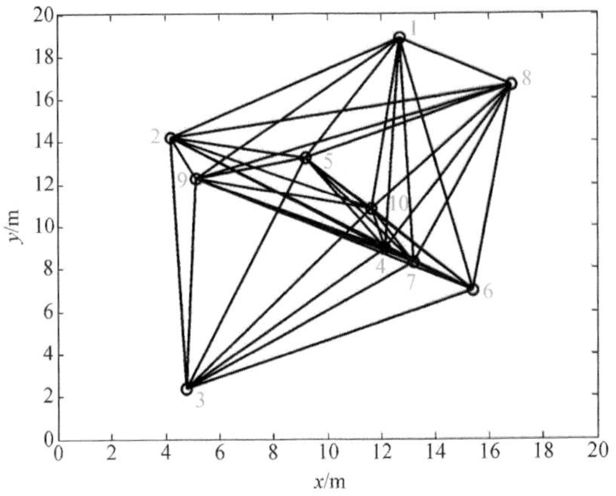

图 5-10　$r=15$ m 时采用邻域规则得到的编队通信拓扑

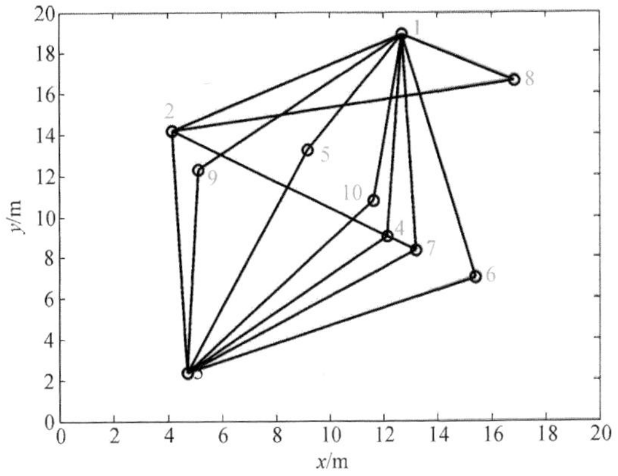

图 5-11　$r=15$ m 时基于刚度矩阵的 H_2 性能最优编队通信拓扑

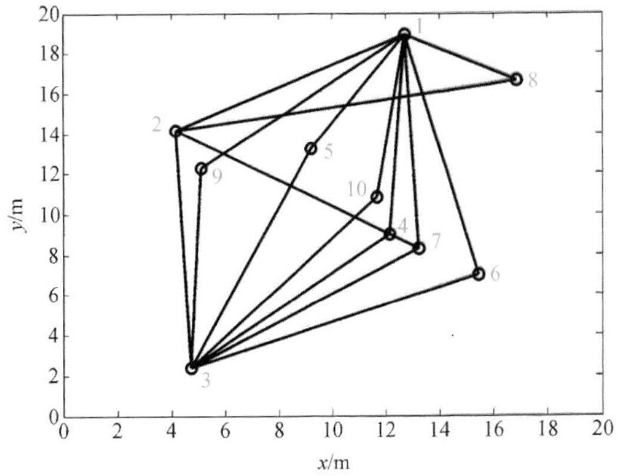

图 5-12　$r=15$ m 时基于 Henneberg 序列的 H_2 性能最优编队通信拓扑

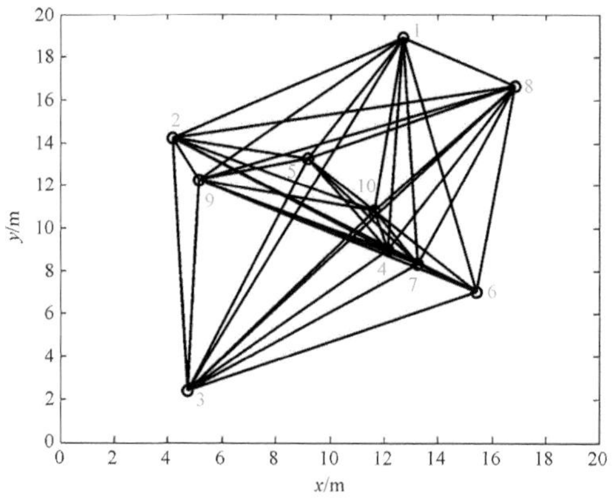

图 5-13　$r=20$ m 时采用邻域规则得到的编队通信拓扑

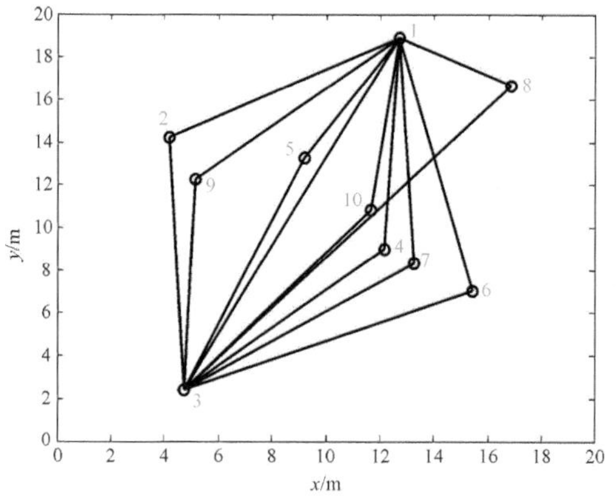

图 5-14　$r=20$ m 时基于刚度矩阵的 H_2 性能最优编队通信拓扑

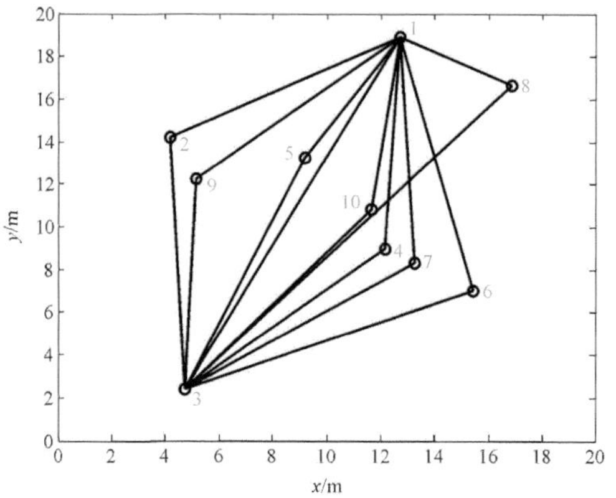

图 5-15　$r=20$ m 时基于 Henneberg 序列的 H_2 性能最优编队通信拓扑

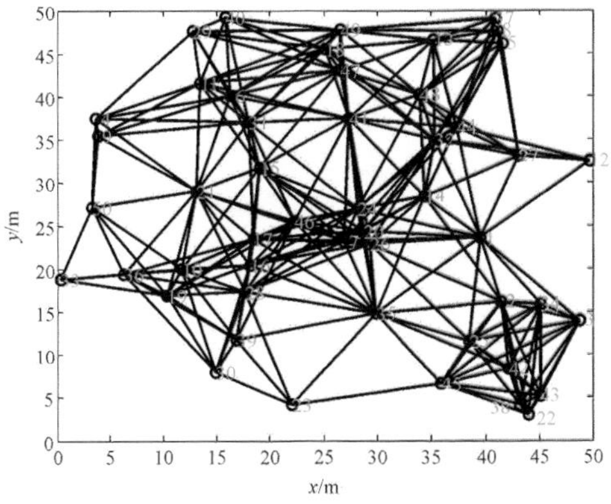

图 5-16　$r=15$ m 时采用邻域规则得到的编队通信拓扑

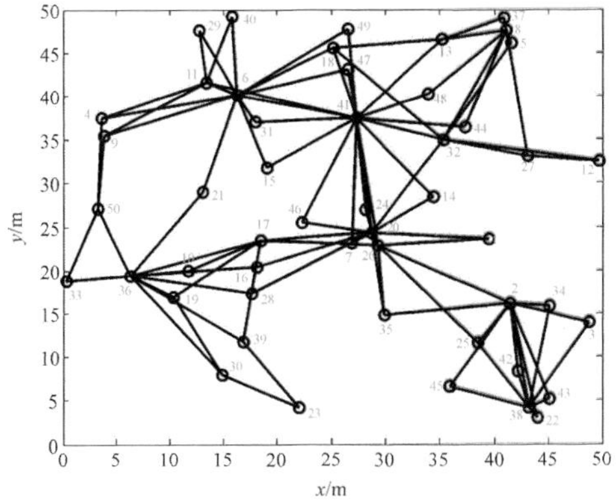

图 5-17　$r=15$ m 时基于刚度矩阵的 H_2 性能最优编队通信拓扑

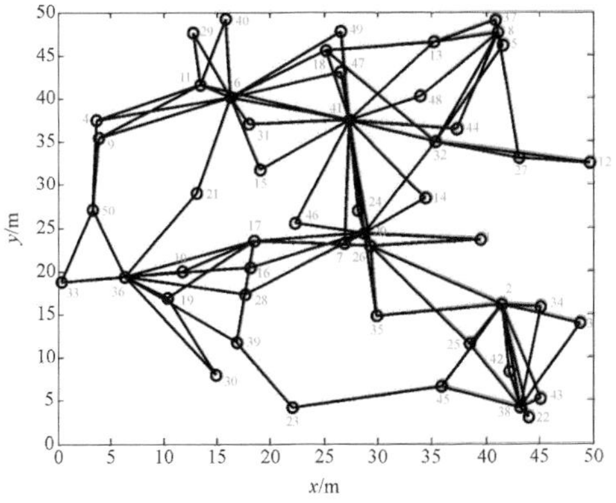

图 5-18　$r=15$ m 时基于 Henneberg 序列的 H_2 性能最优编队通信拓扑

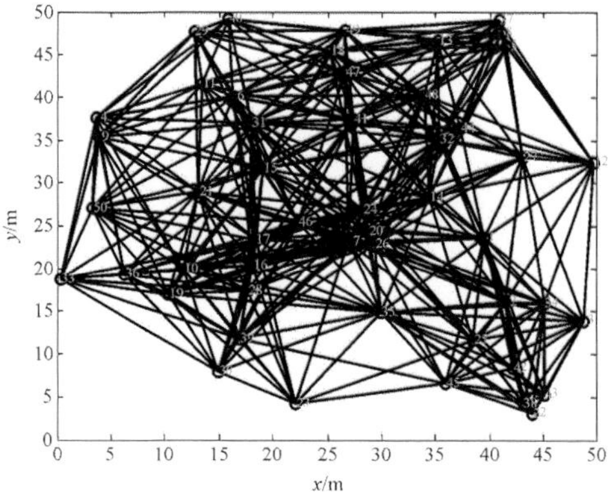

图 5-19　$r=20$ m 时采用邻域规则得到的编队通信拓扑

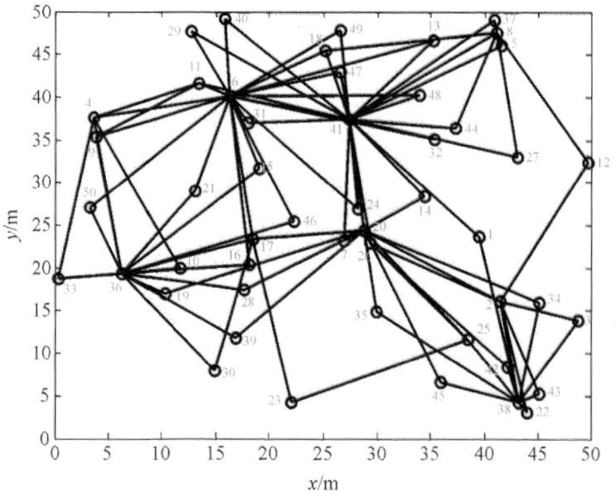

图 5-20　$r=20$ m 时基于刚度矩阵的 H_2 性能最优编队通信拓扑

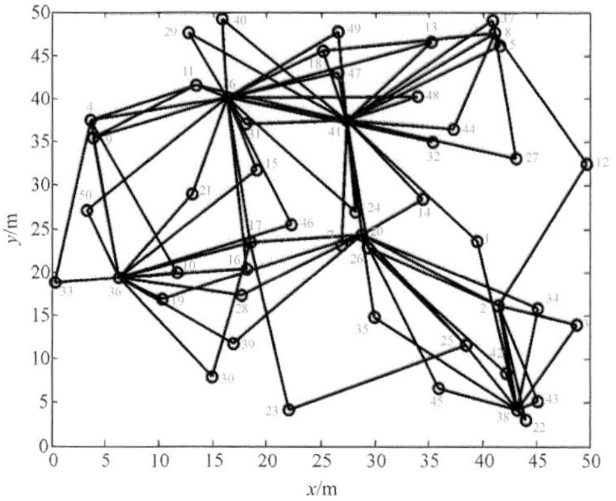

图 5-21　$r=20$ m 时基于 Henneberg 序列的 H_2 性能最优编队通信拓扑

本章小结

本章引入复杂网络理论确定一个最小刚性编队通信拓扑，从复杂网络理论的角度出发，确定了编队通信拓扑。另外，提出了基于刚度矩阵和基于 Henneberg 序列的 H_2 性能最优编队通信拓扑生成算法；其中，基于刚度矩阵的算法计算复杂度大，优化后系统 H_2 性能稍好于基于 Henneberg 序列的算法，而基于 Henneberg 序列的算法计算复杂度小，可应用于大规模编队通信拓扑，并且可应用于动态环境下编队通信拓扑的生成。

第6章　基于距离的刚性编队控制器设计

在基于距离的编队控制中，所有无人飞行器不需要任何全局坐标信息或任何坐标系对准来实现所提出的控制，只需要通过控制无人飞行器间的相对距离来形成期望的编队队形。文献[71]提出了一种分布式方法来使得一组在二维空间中运动的无人飞行器达到期望的刚性编队，所提出的分布式协同方法仅利用距离信息就实现了对刚性编队的全局稳定，不需要任何领导单元，但只适用于单积分无人飞行器。文献[72]研究了基于距离的编队控制问题，提出了一个完全分布的纯距离控制律，它只涉及每个个体的距离测量来稳定期望的编队队形。上述文献研究了基于距离的编队控制问题，仅仅给出了编队生成的控制，都没有考虑编队队形重构的问题。

本章设计了刚性编队生成以及重构控制器。首先，给出基于距离的多无人飞行器刚性编队的单积分和双积分模型；基于这些模型，设计编队生成的控制律，并证明系统的稳定性；其次，针对拓扑切换控制，通过在编队队形生成控制律的基础上加入缓冲控制项，设计编队队形重构的控制律，并证明系统的稳定性。

6.1　模型建立

6.1.1　单积分模型建立

在 d 维空间中考虑 n 个单积分模型的无人飞行器，即

$$\dot{\boldsymbol{p}}_i=\boldsymbol{u}_i,\quad i\in V \tag{6-1}$$

式中，$\boldsymbol{p}_i\in\mathbf{R}^d$ 表示在全局坐标系 $\sum g$ 中无人飞行器 i 的位置；$\boldsymbol{u}_i\in\mathbf{R}^d$ 表示在全局坐标系 $\sum g$ 中设计的速度输入。

假设每个无人飞行器的方位不需要与全局坐标系保持一致，$\sum \mathrm{local}(i)$ 表示无人飞行器 i 的局部坐标系。通过采用上标表示坐标系，无人飞行器的单积分模型可写为

$$\dot{\boldsymbol{p}}_i^i=\boldsymbol{u}_i^i,\quad i\in V \tag{6-2}$$

式中，$\boldsymbol{p}_i^i \in \mathbf{R}^d$ 表示在局部坐标系 $\sum \text{local}(i)$ 中无人飞行器 i 的位置；$\boldsymbol{u}_i^i \in \mathbf{R}^d$ 表示在局部坐标系 $\sum \text{local}(i)$ 中设计的速度输入。

系统中无人飞行器间的通信拓扑用无向图 $G=(V,E)$来表示。假设每个无人飞行器以自己的局部坐标系为基准测量其邻近无人飞行器的相对位置，以下测量可通过无人飞行器 $i(i \in V)$得到

$$\boldsymbol{p}_{ji}^i = \boldsymbol{p}_j^i - \boldsymbol{p}_i^i \equiv \boldsymbol{p}_j^i, \quad \forall j \in N_i \tag{6-3}$$

式中，$\boldsymbol{p}_j^i \in \mathbf{R}^d$ 表示在局部坐标系 $\sum \text{local}(i)$ 中无人飞行器 j 的位置。

对于期望队形 $\boldsymbol{p}^* = (\boldsymbol{p}_1^{*\mathrm{T}}, \boldsymbol{p}_2^{*\mathrm{T}}, \cdots, \boldsymbol{p}_n^{*\mathrm{T}})^{\mathrm{T}} \in \mathbf{R}^{nd}$，期望的平衡状态可以被描述为集合 E_{p^*}，即

$$E_{p^*} = \{\boldsymbol{p} \in \mathbf{R}^{nd} : \| \boldsymbol{p}_j - \boldsymbol{p}_i \| = \| \boldsymbol{p}_j^* - \boldsymbol{p}_i^* \|, \forall i,j \in V\} \tag{6-4}$$

这样，单积分模型无人飞行器的队形形成控制问题可陈述如下：

在 d 维空间中 n 个单积分模型无人飞行器，假设无人飞行器之间的通信拓扑由刚性图 $G=(V,E)$给出。给定一个期望框架$(G,\boldsymbol{p}^*)$，其中 $\boldsymbol{p}^* \in \mathbf{R}^{nd}$，在测量(6-3)的基础上设计分布式控制律，使得系统在该分布式控制律的作用下 E_{p^*} 渐近稳定。

6.1.2　双积分模型建立

在 d 维空间中，考虑 n 个双积分模型的无人飞行器

$$\begin{cases} \dot{\boldsymbol{p}}_i = \boldsymbol{v}_i \\ \dot{\boldsymbol{v}}_i = \boldsymbol{u}_i \end{cases}, \quad i \in V \tag{6-5}$$

式中，$\boldsymbol{p}_i \in \mathbf{R}^d$ 表示全局坐标系 $\sum g$ 中无人飞行器 i 的位置；$\boldsymbol{v}_i \in \mathbf{R}^d$ 表示全局坐标系 $\sum g$ 中无人飞行器 i 的速度；$\boldsymbol{u}_i \in \mathbf{R}^d$ 表示全局坐标系 $\sum g$ 中设计的加速度输入。

假设每个无人飞行器的方位不需要与全局坐标系保持一致，$\sum \text{local}(i)$ 表示无人飞行器 i 的局部坐标系。通过采用上标表示坐标系，无人飞行器的双积分模型可写为

$$\begin{cases} \dot{\boldsymbol{p}}_i^i = \boldsymbol{v}_i^i \\ \dot{\boldsymbol{v}}_i^i = \boldsymbol{u}_i^i \end{cases}, \quad i \in V \tag{6-6}$$

式中，$\boldsymbol{p}_i^i \in \mathbf{R}^d$ 表示局部坐标系 $\sum \text{local}(i)$ 中无人飞行器 i 的位置；$\boldsymbol{v}_i^i \in \mathbf{R}^d$ 表示局部坐标系 $\sum \text{local}(i)$ 中无人飞行器 i 的速度；$\boldsymbol{u}_i^i \in \mathbf{R}^d$ 表示局部坐标系 $\sum \text{local}(i)$ 中设计的加速度输入。

对于期望队形 $\boldsymbol{p}^*=(\boldsymbol{p}_1^{*\mathrm{T}},\boldsymbol{p}_2^{*\mathrm{T}},\cdots,\boldsymbol{p}_n^{*\mathrm{T}})^{\mathrm{T}}\in\mathbf{R}^{nd}$，期望的平衡状态可以被描述为集合 $E_{p*,v*}$，即

$$E_{p*,v*}=\{[\boldsymbol{p}^{\mathrm{T}},\boldsymbol{v}^{\mathrm{T}}]^{\mathrm{T}}\in\mathbf{R}^{2nd}:\|\boldsymbol{p}_j-\boldsymbol{p}_i\|=\|\boldsymbol{p}_j^*-\boldsymbol{p}_i^*\|,v=0,\forall i,j\in V\} \tag{6-7}$$

式中，$\boldsymbol{p}=[\boldsymbol{p}_1^{\mathrm{T}},\boldsymbol{p}_2^{\mathrm{T}},\cdots,\boldsymbol{p}_n^{\mathrm{T}}]^{\mathrm{T}}$，$\boldsymbol{v}=[\boldsymbol{v}_1^{\mathrm{T}},\boldsymbol{v}_2^{\mathrm{T}},\cdots,\boldsymbol{v}_n^{\mathrm{T}}]^{\mathrm{T}}$。

这样，双积分模型无人飞行器的队形形成控制问题可陈述如下：

在 d 维空间中 n 个双积分无人飞行器，假设无人飞行器之间的通信拓扑由刚性图 $G=(V,E)$ 给出。给定一个期望框架 $(G,\boldsymbol{p}^*)$，其中 $\boldsymbol{p}^*\in\mathbf{R}^{nd}$，在测量(6-3)的基础上设计分布式控制律，使得系统在该分布式控制律的作用下 $E_{p*,v*}$ 渐近稳定。

6.2　单积分模型刚性编队生成控制器设计

6.2.1　基于距离的单积分模型刚性编队控制律设计

定义一个局部梯度函数

$$\phi_i(\boldsymbol{p}_i^i,\cdots,\boldsymbol{p}_j^i,\cdots)=\frac{k_p}{2}\sum_{(i,j)\in E}\gamma(\|\boldsymbol{p}_j^i-\boldsymbol{p}_i^i\|^2-\|\boldsymbol{p}_j^*-\boldsymbol{p}_i^*\|^2) \tag{6-8}$$

式中，$k_p>0$，γ 是满足以下假设的函数：

假设 6.1　函数 $\gamma:R\to R^+$，满足下面两个条件：

① 正定：$\gamma(x)\geqslant 0$，对 $\forall x\in R$ 当且仅当 $x=0$ 时 $\gamma(x)=0$；

② 解析：函数 γ 是解析的。

基于梯度函数 φ_i，无人飞行器 i 的控制律可以被设计成

$$\begin{aligned}\boldsymbol{u}_i^i&=-\nabla_{\boldsymbol{p}_i^i}\phi_i(\boldsymbol{p}_i^i,\cdots,\boldsymbol{p}_j^i,\cdots)=-\left[\frac{\partial\phi_i(\boldsymbol{p}_i^i,\cdots,\boldsymbol{p}_j^i)}{\partial\boldsymbol{p}_i^i}\right]^{\mathrm{T}}\\&=-\left[k_p\left(\sum_{(i,j)\in E}\frac{\partial\gamma(\tilde{d}_{ij})}{\partial\tilde{d}_{ij}}\frac{\partial\tilde{d}_{ij}}{\partial\boldsymbol{p}_i^i}\right)\right]^{\mathrm{T}}=k_p\left(\sum_{(i,j)\in E}\frac{\partial\gamma(\tilde{d}_{ij})}{\partial\tilde{d}_{ij}}\boldsymbol{p}_j^i\right)\end{aligned} \tag{6-9}$$

式中，$\tilde{d}_{ij}=\|\boldsymbol{p}_j^i-\boldsymbol{p}_i^i\|^2-\|\boldsymbol{p}_j^*-\boldsymbol{p}_i^*\|^2$。

由于局部梯度函数 ϕ_i 中仅需要无人飞行器 i 与其邻居相对位置信息，因此基于梯度的控制律(6-9)是分布式的。

$$\boldsymbol{p}_j-\boldsymbol{p}_i=[I_d]_g^{\mathrm{local}(i)}\boldsymbol{p}_j^i \tag{6-10}$$

$$\boldsymbol{u}_i=[I_d]_g^{\mathrm{local}(i)}\boldsymbol{u}_i^i \tag{6-11}$$

式中，$[I_d]_g^{\mathrm{local}(i)}$ 表示在 d 维空间中从局部坐标系 $\sum\mathrm{local}(i)$ 到全局坐标系 $\sum g$ 的

线性变换。

$$\tilde{d}_{ij} = \| \boldsymbol{p}_j^i - \boldsymbol{p}_i^i \|^2 - \| \boldsymbol{p}_j^* - \boldsymbol{p}_i^* \|^2 \equiv \| \boldsymbol{p}_j - \boldsymbol{p}_i \|^2 - \| \boldsymbol{p}_j^* - \boldsymbol{p}_i^* \|^2 \tag{6-12}$$

根据式(6－10)、式(6－11)和式(6－12),基于梯度的控制(6－9)可以写成

$$\begin{aligned} \boldsymbol{u}_i &= [I_d]_g^{\mathrm{local}(i)} \boldsymbol{u}_i^i \\ &= [I_d]_g^{\mathrm{local}(i)} k_p \left(\sum_{(i,j)\in E} \frac{\partial \gamma(\tilde{d}_{ij})}{\partial \tilde{d}_{ij}} \boldsymbol{p}_j^i \right) \\ &= k_p \left(\sum_{(i,j)\in E} \frac{\partial \gamma(\tilde{d}_{ij})}{\partial \tilde{d}_{ij}} (\boldsymbol{p}_j - \boldsymbol{p}_i) \right) \end{aligned} \tag{6-13}$$

式(6－13)可以简写成

$$\boldsymbol{u}_i = -\nabla_{p_i} \phi_i(\boldsymbol{p}_i, \cdots, \boldsymbol{p}_j, \cdots) \tag{6-14}$$

6.2.2 稳定性分析

定义集合 E'_{p^*},集合 E 对应于刚性图 $G=(V,E)$,即

$$E'_{p^*} = \{ \boldsymbol{p} \in \mathbf{R}^{nd} : \| \boldsymbol{p}_j - \boldsymbol{p}_i \| = \| \boldsymbol{p}_j^* - \boldsymbol{p}_i^* \|, \forall (i,j) \in E \} \tag{6-15}$$

由于集合 E 对应于刚性图 $G=(V,E)$,只要证明集合 E'_{p^*} 是渐近稳定的,就能保证集合 E_{p^*} 是渐近稳定的。

定义一个全局性的梯度函数

$$\phi(\boldsymbol{p}) = \frac{k_p}{2} \sum_{(i,j)\in E} \gamma(\| \boldsymbol{p}_j - \boldsymbol{p}_i \|^2 - \| \boldsymbol{p}_j^* - \boldsymbol{p}_i^* \|^2) \tag{6-16}$$

由于 $\boldsymbol{u}_i = \nabla_{p_i} \phi_i(\boldsymbol{p}_i, \cdots, \boldsymbol{p}_j, \cdots) \equiv \nabla_{p_i} \phi(\boldsymbol{p})$,根据无人飞行器的梯度控制律多无人飞行器的运动学可被描述为一个梯度系统,即

$$\dot{\boldsymbol{p}} = -\nabla \phi(\boldsymbol{p}) \tag{6-17}$$

集合 E'_{p^*} 的非紧性使得稳定性分析十分复杂。为了减少复杂性,通过相对位移来描述动态系统。由 $\boldsymbol{e} = (\cdots, \boldsymbol{e}_{ij}^{\mathrm{T}}, \cdots)^{\mathrm{T}}, (i,j) \in E$ 有

$$\boldsymbol{e} = (\boldsymbol{H}^{\mathrm{T}} \otimes \boldsymbol{I}_d) \boldsymbol{p} \tag{6-18}$$

式中,$\boldsymbol{H}$ 表示图 G 的关联矩阵,$\boldsymbol{I}_d$ 为 d 维单位矩阵。

由式(6－18)易知,$\boldsymbol{e}$ 属于 $\boldsymbol{H} \otimes \boldsymbol{I}_n$ 的列空间,即 $\boldsymbol{e} \in \mathrm{Im}(\boldsymbol{H} \otimes \boldsymbol{I}_n)$,$\mathrm{Im}(\boldsymbol{H} \otimes \boldsymbol{I}_n)$ 表示刚性图 G 连接空间。定义 $\upsilon_G(\boldsymbol{e}) = [\cdots, \| \boldsymbol{e}_{ij} \|^2, \cdots]^{\mathrm{T}}, (i,j) \in E$,则有 $\upsilon_G(\boldsymbol{e}) = \upsilon_G((\boldsymbol{H}^{\mathrm{T}} \otimes \boldsymbol{I}_d) \boldsymbol{p})$。

定义 $\partial g_G(\boldsymbol{p}) = \upsilon_G((\boldsymbol{H}^{\mathrm{T}} \otimes \boldsymbol{I}_d) \boldsymbol{p})$,$\boldsymbol{D}(\boldsymbol{e}) = \mathrm{diag}(\cdots, \boldsymbol{e}_{ij}, \cdots), (i,j) \in E$,可以得到

$$\frac{\partial g_G(\boldsymbol{p})}{\partial \boldsymbol{p}}=\frac{\partial v_G(\boldsymbol{e})}{\partial \boldsymbol{e}}\frac{\partial \boldsymbol{e}}{\partial \boldsymbol{p}}=[\boldsymbol{D}(\boldsymbol{e})]^{\mathrm{T}}\boldsymbol{H}^{\mathrm{T}}\otimes \boldsymbol{I}_d \tag{6-19}$$

由式(6-19)可以推出

$$\begin{aligned}\dot{\boldsymbol{p}}&=-\nabla\phi(\boldsymbol{p})=-\left[\frac{\partial\varphi(\boldsymbol{p})}{\partial \boldsymbol{p}}\right]^{\mathrm{T}}=-\left[\frac{\partial\phi(\boldsymbol{p})}{\partial\tilde{d}}\frac{\partial\tilde{d}}{\partial \boldsymbol{p}}\right]^{\mathrm{T}}\\&=-\left[\frac{\partial\phi(\boldsymbol{p})}{\partial\tilde{d}}\frac{\partial g_G(\boldsymbol{p})}{\partial \boldsymbol{p}}\right]^{\mathrm{T}}=-k_p(\boldsymbol{H}\otimes \boldsymbol{I}_d)\boldsymbol{D}(e)\Gamma(\tilde{d})\end{aligned} \tag{6-20}$$

式中，$\tilde{d}=[\cdots,\|\boldsymbol{e}_{ij}\|^2-\|\boldsymbol{e}_{ij}^*\|^2,\cdots]^{\mathrm{T}},(i,j)\in E,\Gamma(\tilde{d})=\left[\frac{\partial\gamma(\tilde{d}_1)}{\partial\tilde{d}_1}\cdots\frac{\partial\gamma(\tilde{d}_m)}{\partial\tilde{d}_m}\right]^{\mathrm{T}}$。

梯度系统(6-17)在连接空间可以表示为

$$\dot{\boldsymbol{e}}=(\boldsymbol{H}^{\mathrm{T}}\otimes \boldsymbol{I}_d)\dot{\boldsymbol{p}}=-k_p(\boldsymbol{H}^{\mathrm{T}}\otimes \boldsymbol{I}_d)(\boldsymbol{H}\otimes \boldsymbol{I}_d)\boldsymbol{D}(\boldsymbol{e})\Gamma(\tilde{d}) \tag{6-21}$$

集合 E'_{p^*} 在连接空间可以表示为

$$E_{e^*}=\{\boldsymbol{e}\in \mathrm{Im}(\boldsymbol{H}^{\mathrm{T}}\otimes \boldsymbol{I}_d):\|\boldsymbol{e}_{ij}\|=\|\boldsymbol{e}_{ij}^*\|,\quad i,j\in E\} \tag{6-22}$$

式中，$\boldsymbol{e}^*=(\cdots,\boldsymbol{e}_{ij}^{*\mathrm{T}},\cdots)^{\mathrm{T}}=(\boldsymbol{H}^{\mathrm{T}}\otimes \boldsymbol{I}_d)\boldsymbol{p}^*,(i,j)\in E$。

集合 E_{e^*} 是紧集，相比于非紧集 E'_{p^*} 稳定性分析要简单很多。

定义李雅谱诺夫函数

$$V(\boldsymbol{e})=\sum_{i=1}^{n}\gamma(\|\boldsymbol{e}_{ij}\|^2-\|\boldsymbol{e}_{ij}^{*\mathrm{T}}\|^2),\quad (i,j)\in E \tag{6-23}$$

$$\frac{\partial V(\boldsymbol{e})}{\partial \boldsymbol{e}}=[\Gamma(\tilde{d})]^{\mathrm{T}}\frac{\partial v_G(\boldsymbol{e})}{\partial \boldsymbol{e}}=[D(\boldsymbol{e})\Gamma(\tilde{d})]^{\mathrm{T}} \tag{6-24}$$

由式(6-20)、式(6-21)和式(6-24)可知，式(6-23)对时间求导得

$$\begin{aligned}\dot{V}(\boldsymbol{e})&=\frac{\partial V(\boldsymbol{e})}{\partial \boldsymbol{e}}\dot{\boldsymbol{e}}\\&=-k_p\frac{\partial V(\boldsymbol{e})}{\partial \boldsymbol{e}}(\boldsymbol{H}^{\mathrm{T}}\otimes \boldsymbol{I}_d)(\boldsymbol{H}\otimes \boldsymbol{I}_d)\Gamma(\tilde{d})\\&=-k_p[\boldsymbol{D}(\boldsymbol{e})\Gamma(\tilde{d})]^{\mathrm{T}}(\boldsymbol{H}\otimes \boldsymbol{I}_d)^{\mathrm{T}}(\boldsymbol{H}\otimes \boldsymbol{I}_d)\boldsymbol{D}(\boldsymbol{e})\Gamma(\tilde{d})\\&=-k_p\|\nabla\phi(\boldsymbol{p})\|^2\leqslant 0\end{aligned} \tag{6-25}$$

因此，集合 E_{e^*} 是稳定的。要保证集合 E_{e^*} 是渐近稳定的，需要使得 $\dot{V}(\boldsymbol{e})<0$。当 $\nabla\phi(\boldsymbol{p})\neq 0$，$\dot{V}(\boldsymbol{e})<0$，集合 E_{e^*} 是渐近稳定的。

因此，对于系统(6-21)，当 $\nabla\phi(\boldsymbol{p})\neq 0$，集合 E_{e^*} 是渐近稳定的。所以对于系统(6-17)，当 $\nabla\phi(\boldsymbol{p})\neq 0$，集合 E'_{p^*} 是渐近稳定的。

6.3 双积分模型刚性编队生成控制器设计

6.3.1 基于距离的双积分模型刚性编队控制律设计

定义一个局部类梯度函数

$$\begin{aligned}&\psi_i(\boldsymbol{p}_i^i,\cdots,\boldsymbol{p}_j^i,\cdots,\boldsymbol{p}_k^i,\cdots\boldsymbol{v}_i^i)\\&=\frac{1}{2}\|\boldsymbol{v}_i^i\|^2+k_p\sum_{(i,j)\in E}\gamma(\|\boldsymbol{p}_j^i-\boldsymbol{p}_i^i\|^2-\|\boldsymbol{p}_j^*-\boldsymbol{p}_i^*\|^2)\end{aligned}\tag{6-26}$$

式中，$k_p>0$，$k_v>0$，γ 是满足假设 6.1 的函数。

基于函数 ψ_i，无人飞行器 i 的控制律可以被设计成

$$\boldsymbol{u}_i^i=-\nabla_{\boldsymbol{p}_i^i}\psi_i(\boldsymbol{p}_i^i,\cdots,\boldsymbol{p}_j^i,\cdots\boldsymbol{v}_i^i)-k_v\nabla_{\boldsymbol{v}_i^i}\psi_i(\boldsymbol{p}_i^i,\cdots,\boldsymbol{p}_j^i,\cdots\boldsymbol{v}_i^i)\tag{6-27}$$

$$\begin{aligned}\nabla_{\boldsymbol{p}_i^i}\psi_i(\boldsymbol{p}_i^i,\cdots,\boldsymbol{p}_j^i,\cdots\boldsymbol{v}_i^i)&=\left[\frac{\partial\psi_i(\boldsymbol{p}_i^i,\cdots,\boldsymbol{p}_j^i,\cdots\boldsymbol{v}_i^i)}{\partial\boldsymbol{p}_i^i}\right]\\&=k_p\sum_{(i,j)\in E}\frac{\partial\gamma(\tilde{d}_{ij})}{\partial\tilde{d}_{ij}}\frac{\partial\tilde{d}_{ij}}{\partial\boldsymbol{p}_i^i}\\&=-k_p\left(\sum_{(i,j)\in E}\frac{\partial\gamma(\tilde{d}_{ij})}{\partial\tilde{d}_{ij}}\boldsymbol{p}_j^i\right)\end{aligned}\tag{6-28}$$

$$\nabla_{\boldsymbol{v}_i^i}\psi_i(\boldsymbol{p}_i^i,\cdots,\boldsymbol{p}_j^i,\cdots\boldsymbol{v}_i^i)=\boldsymbol{v}_i^i\tag{6-29}$$

式中，$\tilde{d}_{ij}=\|\boldsymbol{p}_j^i-\boldsymbol{p}_i^i\|^2-\|\boldsymbol{p}_j^*-\boldsymbol{p}_i^*\|^2$。

注意到局部类梯度函数 ψ_i 中仅需要无人飞行器 i 的速度和无人飞行器 i 与其邻居相对位置信息，因此基于梯度的控制律(6－27)是分布式的。

根据式(6－10)、式(6－11)和式(6－12)，控制律(6－27)可以写成

$$\begin{aligned}\boldsymbol{u}_i&=[\boldsymbol{I}_d]_g^{\mathrm{local}(i)}\boldsymbol{u}_i^i\\&=[\boldsymbol{I}_d]_g^{\mathrm{local}(i)}\left[-k_v\boldsymbol{v}_i^i+k_p\sum_{(i,j)\in E}\frac{\partial\gamma(\tilde{d}_{ij})}{\partial\tilde{d}_{ij}}\boldsymbol{p}_j^i\right]\\&=-k_v\boldsymbol{v}_i+k_p\left(\sum_{(i,j)\in E}\frac{\partial\gamma(\tilde{d}_{ij})}{\partial\tilde{d}_{ij}}(\boldsymbol{p}_j-\boldsymbol{p}_i)\right)\end{aligned}\tag{6-30}$$

式(6－30)可以简写成

$$\boldsymbol{u}_i=-\nabla_{\boldsymbol{p}_i}\psi_i(\boldsymbol{p}_i,\cdots,\boldsymbol{p}_j,\cdots\boldsymbol{v}_i)-k_v\nabla_{\boldsymbol{v}_i}\psi_i(\boldsymbol{p}_i,\cdots,\boldsymbol{p}_j,\cdots\boldsymbol{v}_i)\tag{6-31}$$

6.3.2 稳定性分析

定义一个全局性类梯度的函数

$$\psi(\boldsymbol{p},\boldsymbol{v})=\sum_{i\in V}\frac{1}{2}\|\boldsymbol{v}_i\|^2+k_p\sum_{(i,j)\in E}\gamma(\|\boldsymbol{p}_j-\boldsymbol{p}_i\|-\|\boldsymbol{p}_j^*-\boldsymbol{p}_i^*\|) \tag{6-32}$$

多无人飞行器的运动学可被描述为一个哈密顿系统，即

$$\begin{cases}\dot{\boldsymbol{p}}=\boldsymbol{v}=\nabla_v\psi\\ \dot{\boldsymbol{v}}=\boldsymbol{u}=-k_v\nabla_v\psi-\nabla_p\psi\end{cases} \tag{6-33}$$

结合哈密顿系统(6-33)和梯度系统，考虑单参数的系统为

$$\begin{aligned}\begin{bmatrix}\dot{\boldsymbol{p}}\\ \dot{\boldsymbol{v}}\end{bmatrix}&=\left((1-\lambda)\begin{bmatrix}0 & \boldsymbol{I}_{dn}\\ -\boldsymbol{I}_{dn} & 0\end{bmatrix}-\begin{bmatrix}-\lambda\boldsymbol{I}_{dn} & 0\\ 0 & k_v\lambda\boldsymbol{I}_{dn}\end{bmatrix}\right)\begin{bmatrix}\nabla_p\psi\\ \nabla_v\psi\end{bmatrix}\\ &=-\begin{bmatrix}\lambda\boldsymbol{I}_{dn} & -(1-\lambda)\boldsymbol{I}_{dn}\\ (1-\lambda)\boldsymbol{I}_{dn} & k_v\boldsymbol{I}_{dn}\end{bmatrix}\begin{bmatrix}\nabla_p\psi\\ \nabla_v\psi\end{bmatrix}\end{aligned} \tag{6-34}$$

式中，$\lambda=[0,1]$。

参数化系统(6-34)通过凸组合在哈密顿系统(6-33)和梯度系统之间连续变化。当 $\lambda=0$ 时，参数化系统变化为哈密顿系统(6-33)。当 $\lambda=1$ 时，参数化系统(6-34)变化为梯度系统，即

$$\begin{cases}\dot{\boldsymbol{p}}=-\nabla_p\psi\\ \dot{\boldsymbol{v}}=-k_v\nabla_v\psi\end{cases} \tag{6-35}$$

参数化系统(6-34)的平衡集和局部稳定性与 λ 的值无关，如引理 6.1 所述。

引理 6.1　对于单参数的动力系统，下面两个条件与 λ 值无关：

① 系统的平衡集由函数 ψ 给出，表示为 $E_{p,v}=\{[\boldsymbol{p}^{\mathrm{T}},\boldsymbol{v}^{\mathrm{T}}]^{T}:\nabla\psi=0\}$。

② 对任意平衡点 $[\boldsymbol{p}^{\mathrm{T}},\boldsymbol{v}^{\mathrm{T}}]^{\mathrm{T}}\in E_{p,v}$ 是局部渐近稳定的。

引理 6.1 表明，可以通过研究梯度系统(6-35)的稳定性来研究哈密顿系统(6-33)的稳定性。又由于梯度系统(6-35)的子系统 $\dot{\boldsymbol{p}}=-\nabla_p\psi$ 和 $\dot{\boldsymbol{v}}=-k_v\nabla_v\psi$ 是解耦的，所以可以通过研究梯度系统(6-35)的两个子系统的稳定性来研究梯度系统(6-35)的稳定性。子系统 $\dot{\boldsymbol{v}}=-k_v\nabla_v\psi$ 是稳定的，只要证明子系统 $\dot{\boldsymbol{p}}=-\nabla_p\psi$ 是局部稳定的，就能保证哈密顿系统(6-33)是稳定的。由 6.3.2 节可知，系统 $\dot{\boldsymbol{p}}=-\nabla_p\psi$ 是稳定的，故哈密顿系统(6-33)是稳定的。所以，对于系统(6-33)，集合 E_{p^*,v^*} 是渐近稳定的。

6.4 动态拓扑切换时刚性编队重构控制

6.4.1 单积分模型刚性编队重构控制律设计

在多无人飞行器编队运动时，遇到突发情况（动态环境）时需要将多无人飞行器编队的队形进行动态切换。此时，无人飞行器的邻接关系（通信拓扑）发生改变，系统速度输入有可能发生突变。为了减小队形改变对速度输入的影响，可设计缓冲控制输入使队形改变后速度的变化更加平缓。

首先，设计缓冲函数，应满足如下性质：

① 当 $t=T_{d0}$ 时，$h(t)=0$，其中 T_{d0} 表示拓扑发生改变的时刻，$h(t)$表示缓冲函数；

② $h(t)$在作用区间内单调递增并且有界。

根据上述两条性质，缓冲函数 $h(t)$设计为

$$h(t)=\mathrm{e}^{\frac{t-T_{d0}}{t-T_{d0}+\Delta T_d}}-1 \tag{6-36}$$

式中，ΔT_d 为缓冲函数 $h(t)$作用时间。

接着，缓冲控制输入设计为

$$\boldsymbol{u}_{di}^{*}=\boldsymbol{u}_{d0}+h(t)(\boldsymbol{u}_{di}-\boldsymbol{u}_{d0}),\quad T_{d0}<t<T_{d0}+\Delta T_d \tag{6-37}$$

式中，$\boldsymbol{u}_{d0}$ 表示拓扑切换前无人飞行器 i 的输入，$\boldsymbol{u}_{di}$ 表示拓扑切换后按照式(6－14)计算队形改变后的无人飞行器 i 的输入，$\boldsymbol{u}_{di}^{*}$ 表示无人飞行器 i 的实际输入。

考虑缓冲控制输入，则无人飞行器 i 在整个拓扑动态切换过程中的控制输入为

$$\boldsymbol{u}_{di}^{*}=\begin{cases}\boldsymbol{u}_{d0}+h(t)(\boldsymbol{u}_{di}-\boldsymbol{u}_{d0}), & T_{d0}<t<T_{d0}+\Delta T_d\\ \boldsymbol{u}_{di}, & T_{d0}+\Delta T_d\leqslant t\end{cases} \tag{6-38}$$

推论 6.1 在控制输入 $\boldsymbol{u}_{di}^{*}$ 的作用下，多无人飞行器系统的编队队形进行重构，最终形成重构后的编队队形。

证明：当控制输入为 $\boldsymbol{u}_{di}$ 时，多无人飞行器系统最终能形成切换后的通信拓扑，故只需要证明在缓冲函数作用时间内无人飞行器运动距离有限。当 $t\in(T_{d0},T_{d0}+\Delta T_d)$时，有

$$\begin{aligned}\boldsymbol{u}_{di}^{*}&=\boldsymbol{u}_{d0}+h(t)(\boldsymbol{u}_{di}-\boldsymbol{u}_{d0})\\&=\boldsymbol{u}_{d0}+(\mathrm{e}^{\frac{t-T_{d0}}{t-T_{d0}+\Delta T_d}}-1)(\boldsymbol{u}_{di}-\boldsymbol{u}_{d0})\end{aligned} \tag{6-39}$$

由于缓冲函数 $h(t)$是单调增加并且有界的函数，故

$$h(t)\leqslant e-1 \tag{6-40}$$

由式(6－39)和式(6－40)可知

$$\begin{aligned}\boldsymbol{u}_{di}^{*} &\leqslant \boldsymbol{u}_{d0}+(e-1)(\boldsymbol{u}_{di}-\boldsymbol{u}_{d0}) \\ &=(e-1)\boldsymbol{u}_{di}+(2-e)\boldsymbol{u}_{d0}\end{aligned} \tag{6-41}$$

由式(6-41)可知

$$\int_{T_{d0}}^{T_{d0}+\Delta T_d} \boldsymbol{u}_i^{*}\,\mathrm{d}t \leqslant \int_{T_{d0}}^{T_{d0}+\Delta T_d} (e-1)\boldsymbol{u}_{di}+(2-e)\boldsymbol{u}_{d0}\,\mathrm{d}t \tag{6-42}$$

易知 $\boldsymbol{u}_{d0}$ 和 $\boldsymbol{u}_{di}$ 都是有限的控制输入,因此在控制输入 $\boldsymbol{u}_{di}^{*}$ 的作用下,无人飞行器在时间区间 $t\in(T_{d0},T_{d0}+\Delta T_d)$ 内运动距离有限,推论成立。

6.4.2 双积分模型刚性编队重构控制律设计

双积分模型刚性编队重构控制律设计过程与单积分模型类似,使用 $h(t)$ 作为缓冲函数,缓冲控制输入设计为

$$\boldsymbol{u}_{si}^{*}=\boldsymbol{u}_{s0}+h(t)(\boldsymbol{u}_{si}-\boldsymbol{u}_{s0}),\quad T_{s0}<t<T_{s0}+\Delta T_s \tag{6-43}$$

式中,$\boldsymbol{u}_{s0}$ 表示拓扑切换前无人飞行器 i 的输入,$\boldsymbol{u}_{si}$ 表示拓扑切换后按照式(6-31)计算拓扑改变后的无人飞行器 i 的输入,$\boldsymbol{u}_{si}^{*}$ 表示无人飞行器 i 的实际输入,T_{s0} 表示拓扑发生改变的时刻,ΔT_s 为缓冲函数 $h(t)$ 作用时间。

考虑缓冲控制输入,则无人飞行器 i 在整个拓扑动态切换过程中的控制输入为

$$\boldsymbol{u}_{si}^{*}=\begin{cases}\boldsymbol{u}_{s0}+h(t)(\boldsymbol{u}_{si}-\boldsymbol{u}_{s0}), & T_{s0}<t<T_{s0}+\Delta T_s \\ \boldsymbol{u}_{si}, & T_{s0}+\Delta T_s\leqslant t\end{cases} \tag{6-44}$$

推论 6.2　在控制输入 $\boldsymbol{u}_{si}^{*}$ 的作用下,多无人飞行器系统的编队队形进行重构,最终形成切换后的编队队形。

证明:当控制输入为 $\boldsymbol{u}_{si}$ 时,多无人飞行器系统最终能形成切换后的通信拓扑,故只需要证明在缓冲函数作用时间内无人飞行器运动距离有限。当 $t\in(T_{s0},T_{s0}+\Delta T_s)$ 时,有

$$\begin{aligned}\boldsymbol{u}_{si}^{*} &=\boldsymbol{u}_{s0}+h(t)(\boldsymbol{u}_{si}-\boldsymbol{u}_{s0}) \\ &=\boldsymbol{u}_{s0}+\left(\mathrm{e}^{\frac{t-T_{s0}}{t-T_{s0}+\Delta T_s}}-1\right)(\boldsymbol{u}_{si}-\boldsymbol{u}_{s0})\end{aligned} \tag{6-45}$$

由于缓冲函数 $h(t)$ 是单调增加并且有界的函数,故

$$h(t)\leqslant e-1 \tag{6-46}$$

由式(6-45)和式(6-46)可知

$$\begin{aligned}\boldsymbol{u}_{si}^{*} &\leqslant \boldsymbol{u}_{s0}+(e-1)(\boldsymbol{u}_{si}-\boldsymbol{u}_{s0}) \\ &=(e-1)\boldsymbol{u}_{si}+(2-e)\boldsymbol{u}_{s0}\end{aligned} \tag{6-47}$$

由式(6-47)可知

$$\int_{T_{s0}}^{T_{s0}+\Delta T_s} \boldsymbol{u}_{si}^{*}\,\mathrm{d}t \leqslant \int_{T_{s0}}^{T_{s0}+\Delta T_s} (e-1)\boldsymbol{u}_{si}+(2-e)\boldsymbol{u}_{s0}\,\mathrm{d}t \tag{6-48}$$

易知 $\boldsymbol{u}_{s0}$ 和 $\boldsymbol{u}_{si}$ 都是有限的控制输入，因此在控制输入 $\boldsymbol{u}_{si}^{*}$ 的作用下，无人飞行器在时间区间 $t \in (T_{s0}, T_{s0}+\Delta T_{s})$ 内运动距离有限，推论成立。

6.5 仿真验证

为了验证本章所提控制策略的有效性，下面分别给出单积分和双积分模型的多无人飞行器编队控制的实例仿真。

6.5.1 单积分模型刚性编队控制仿真验证

在二维空间中，考虑一组 6 个单积分模型无人飞行器，单位为 m。定义 γ 函数为 $\gamma(x)=x^2/2$，假设 $\boldsymbol{p}_1^*=(2.5, 2.5\sqrt{2})$，$\boldsymbol{p}_2^*=(7.5, 0)$，$\boldsymbol{p}_3^*=(12.5, 2.5\sqrt{2})$，$\boldsymbol{p}_4^*=(12.5, 7.5+2.5\sqrt{5})$，$\boldsymbol{p}_5^*=(7.5, 7.5+5\sqrt{5})$，$\boldsymbol{p}_6^*=(2.5, 7.5+2.5\sqrt{5})$，无人飞行器的初始位置 $\boldsymbol{p}_i(0)$ 为 $\boldsymbol{p}_i^*$ $(i=1,2,\cdots,6)$ 被均匀分布在 $[-3,3]$ 上的随机变量扰动后的位置，仿真结果如图 6-1～图 6-3 所示。

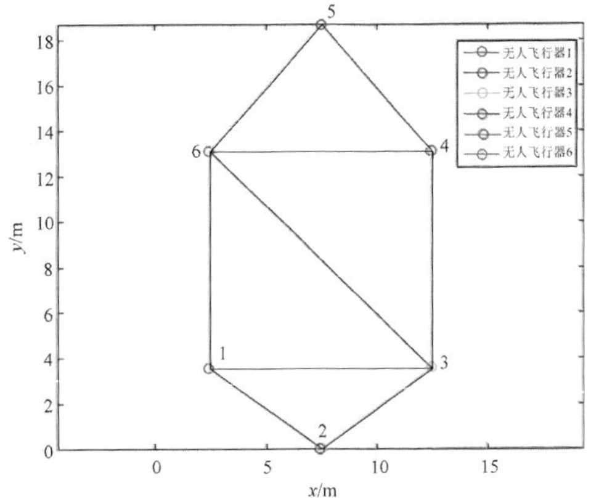

图 6-1 由最小刚性编队通信拓扑的网络复杂性评估得到的编队通信拓扑

6.5.2 双积分模型刚性编队控制仿真验证

在二维空间中，考虑一组 6 个双积分模型的无人飞行器，单位为 m。定义 γ 函数为 $\gamma(x)=x^2/2$，假 $\boldsymbol{p}_1^*=(2.5, 2.5\sqrt{2})$，$\boldsymbol{p}_2^*=(7.5, 0)$，$\boldsymbol{p}_3^*=(12.5, 2.5\sqrt{2})$，$\boldsymbol{p}_4^*=(12.5, 7.5+2.5\sqrt{5})$，$\boldsymbol{p}_5^*=(7.5, 7.5+5\sqrt{5})$，$\boldsymbol{p}_6^*=(2.5, 7.5+2.5\sqrt{5})$，无人飞行器的初始位置为 $\boldsymbol{p}_i^*$ $(i=1,2,\cdots,6)$ 被均匀分布在 $[-3,3]$ 上的随机变量扰动后的位置，无人飞行器的初始速度是由均匀分布在 $[-1,1]$（单位为 m/s）上的随机变量随

机给出。仿真结果如图 6-4 和图 6-5 所示。由图可知，本章设计的双积分模型刚性编队生成控制器能有效生成期望队形。

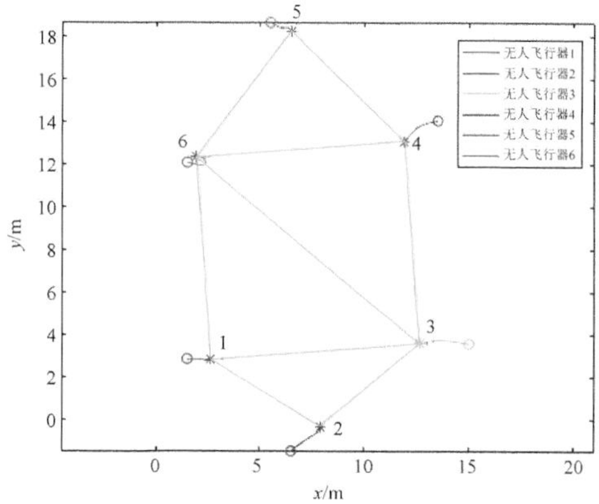

图 6-2　本章控制策略得到的单积分模型刚性编队

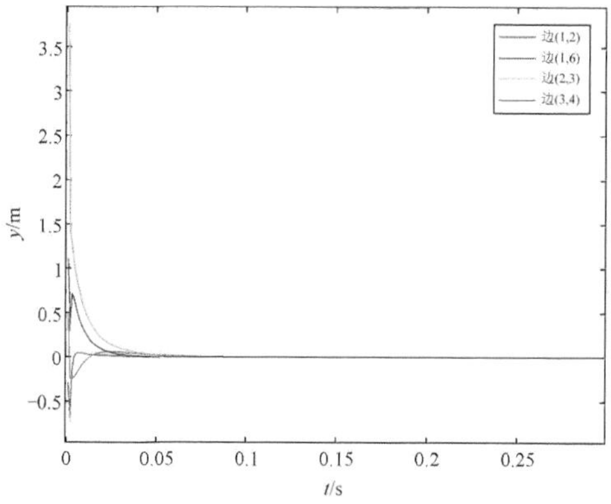

图 6-3　单积分模型刚性编队中边长误差收敛到 0

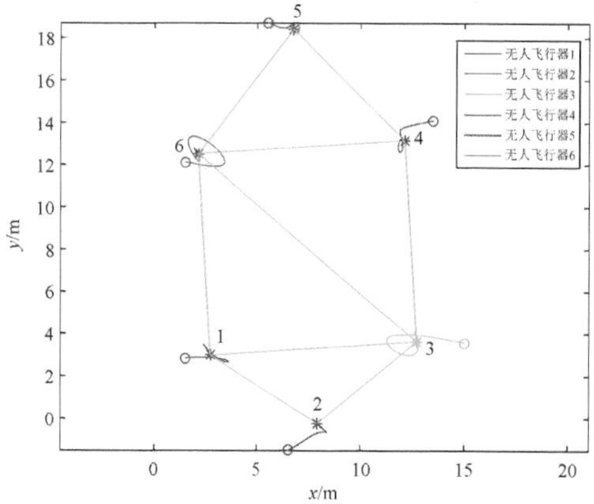

图 6-4　由控制策略得到的双积分模型刚性编队

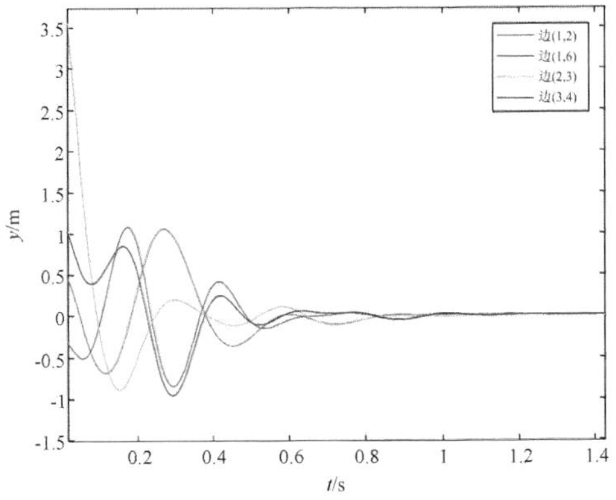

图 6-5　双积分模型刚性编队中边长误差收敛到 0

6.5.3　动态拓扑切换时刚性编队重构控制仿真验证

单积分模型时，两次编队拓扑切换时间 T_{d0} 分别为 2.5 s 和 5.0 s，缓冲函数作用时间 $\Delta T_d = 1.0$ s；双积分模型时两次编队拓扑切换时间 T_{s0} 分别为 2.5 s 和 5.0 s，缓冲函数作用时间 $\Delta T_s = 1.0$ s。表 6-1 为不同模式下的编队队形；图 6-6 所示为单积分模型刚性编队由搜索队形切换到防御队形；图 6-7 所示为单积分模型刚性编队由防御队形切换到特定任务队形；图 6-8 所示为双积分模型刚性编队由搜索队形切换到防御队形；图 6-9 所示为双积分模型刚性编队由防御队形切换到特定任务队形。由图 6-6～图 6-9 可知：基于两种模型的编队重构控制器都可以在编队通信拓扑发生动态切换时完成编队队形重构。这使得编队在动态环境中的生存概率更大，并保证了编队刚性的保持。

表 6-1　不同模式下的刚性编队队形

模　式	搜　索	防　御	特定任务
队形样式	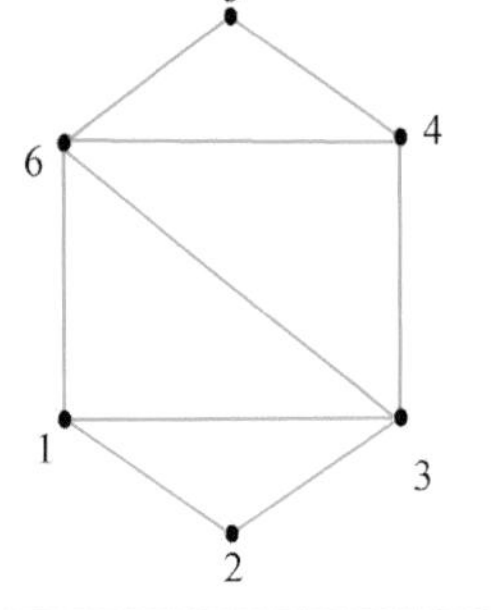	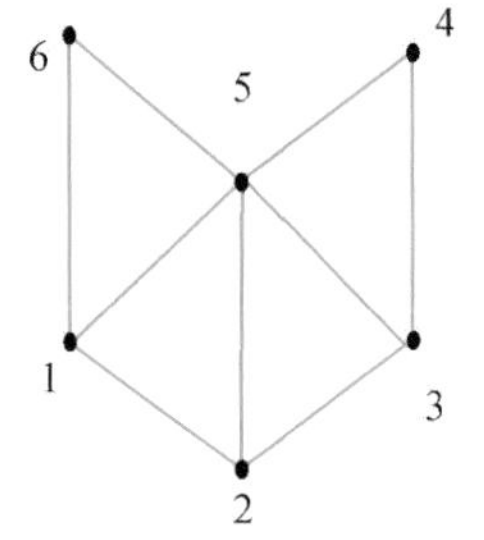	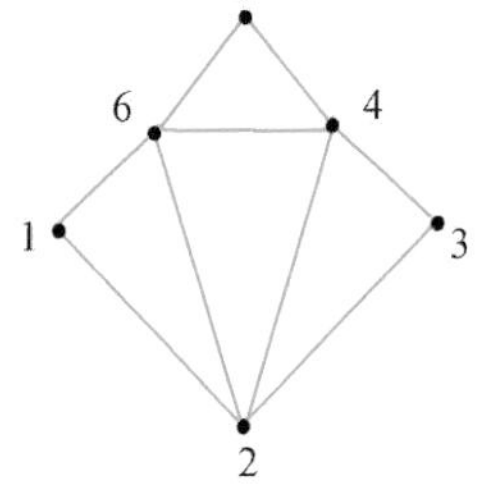

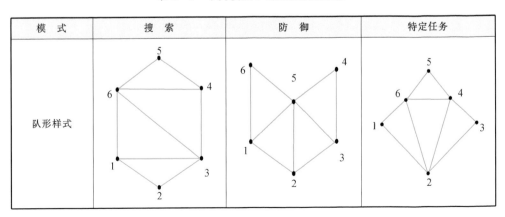

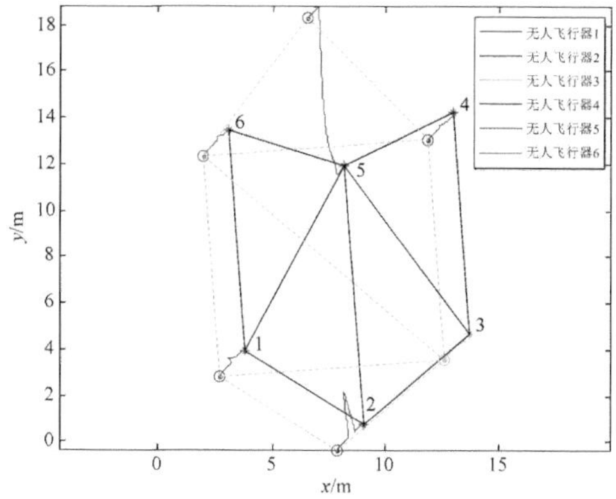

图 6-6　单积分模型刚性编队由搜索队形切换到防御队形

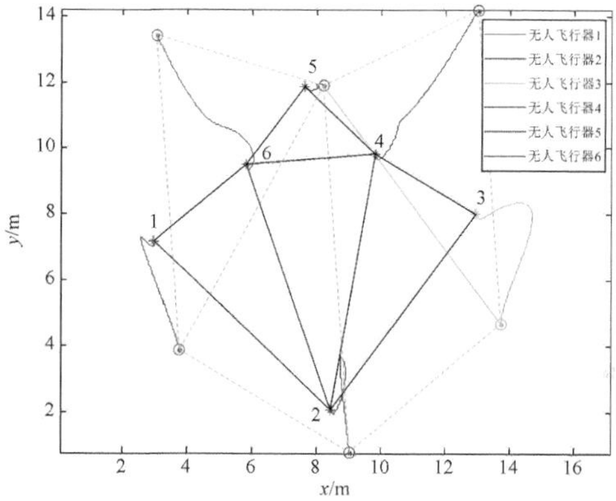

图 6-7　单积分模型刚性编队由防御队形切换到特定任务队形

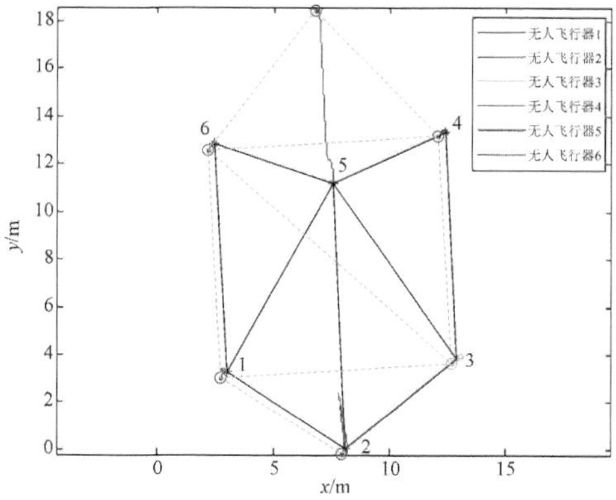

图 6-8　双积分模型刚性编队由搜索队形切换到防御队形

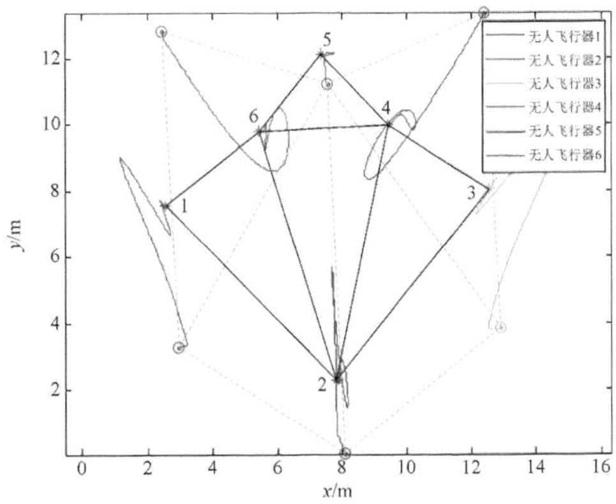

图 6-9　双积分模型刚性编队由防御队形切换到特定任务队形

本章小结

本章研究了刚性编队控制问题，设计了生成期望队形的控制律和队形重构控制律。首先，基于单积分模型设计了生成刚性编队的梯度控制律，根据梯度系统的性质证明了系统的稳定性；其次，基于双积分模型设计了生成刚性编队的类梯度控制律，并证明了系统的稳定性；最后，设计了的队形重构控制器，以完成编队队形的动态切换。

第7章　最小弱刚性编队通信拓扑生成

在基于距离的编队控制问题中，需考虑形成怎样的编队通信拓扑来保证编队是刚性的。编队刚性需要知道大量的距离约束(边)。在实际应用中，这种要求并不容易得到满足。文献[73]提出了弱刚性，将图中某些距离约束替换成角度约束，从而简化了编队通信拓扑；文献[74]给出了弱刚性相关定义，并证明了它的通用性。最小弱刚性编队是保持编队刚性时通信拓扑最简单的一种编队，但目前还没有文献给出最小弱刚性编队的生成算法。

本章目的是生成最小弱刚性编队通信拓扑，进一步减少编队的信息交互量。把相对位移的内积看作是形成期望队形的约束条件，从而减少编队中通信边的数量；以相对位移内积为约束条件，利用队形图中的夹角来确定所需的队形。基于上述方法，导出二维空间中框架最小弱刚性的充分条件。利用这个条件，可以得到二维空间中最小弱刚性编队的生成算法。

7.1　弱刚性理论

首先举一个简单的例子，如图7-1所示。图7-1(a)是最小刚性框架，去掉边(2,3)将会变成可变形框架，如图7-1(b)所示。由于$\|\boldsymbol{e}_{23}\|^2=\|-\boldsymbol{e}_{12}+\boldsymbol{e}_{13}\|^2=\|\boldsymbol{e}_{12}\|^2+\|\boldsymbol{e}_{13}\|^2-2\boldsymbol{e}_{12}^{\mathrm{T}}\boldsymbol{e}_{13}$，因此$\|\boldsymbol{e}_{23}\|$可以通过$\|\boldsymbol{e}_{12}\|$，$\|\boldsymbol{e}_{13}\|$获得，$\boldsymbol{e}_{12}^{\mathrm{T}}\boldsymbol{e}_{13}$可以看作对角度$\alpha$的约束。综上可知，通过$\|\boldsymbol{e}_{12}\|$，$\|\boldsymbol{e}_{13}\|$，$\boldsymbol{e}_{12}^{\mathrm{T}}\boldsymbol{e}_{13}$，图7-1(b)所示的几何形状仍然可以唯一确定(刚性)，这类可变形框架称为弱刚性框架。

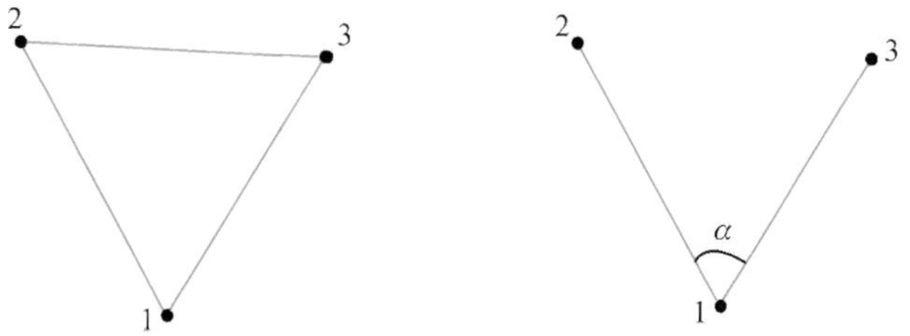

(a) 刚性框架　　(b) 可变形框架

图7-1　两种不同类型的框架

根据上述结论修改刚度函数，通过使用修改的刚度函数来引入广义的刚性（弱刚性）。定义集合 $T_G=\{(i,j,k)\in V^3:(i,j),(i,k)\in E\}$，$T_G^*$ 表示 T_G 的一个子集，s 表示集合 T_G^* 中元素的个数，将 $\boldsymbol{e}_{ij}^{\mathrm{T}}\boldsymbol{e}_{ik}$ 视为修改的刚度函数的一个分量，修改的刚度函数 $r_G(\boldsymbol{p})$ 为

$$r_G(\boldsymbol{p})=[\cdots,\boldsymbol{e}_{ij}^{\mathrm{T}}\boldsymbol{e}_{ik},\cdots]^{\mathrm{T}},\quad (i,j,k)\in T_G^* \tag{7-1}$$

由刚性理论可知，矩阵 $\boldsymbol{R}(\boldsymbol{p})$ 是区别框架 $(G,\boldsymbol{p})$ 的关键。当 $\mathrm{rank}(R(\boldsymbol{p}))=nd-T(n,d)$ 时，框架 $(G,\boldsymbol{p})$ 是刚性的；又 $\|\boldsymbol{e}_{jk}\|^2=\|\boldsymbol{e}_{ij}\|^2+\|\boldsymbol{e}_{ik}\|^2-2\boldsymbol{e}_{ij}^{\mathrm{T}}\boldsymbol{e}_{ik}$，所以可以得到

$$\frac{\partial\|\boldsymbol{e}_{jk}\|^2}{\partial\boldsymbol{p}}=\frac{\partial\|\boldsymbol{e}_{ij}\|^2}{\partial\boldsymbol{p}}+\frac{\partial\|\boldsymbol{e}_{ik}\|^2}{\partial\boldsymbol{p}}-\frac{\partial 2\boldsymbol{e}_{ij}^{\mathrm{T}}\boldsymbol{e}_{ik}}{\partial\boldsymbol{p}}$$

$\dfrac{\partial\boldsymbol{e}_{ij}^{\mathrm{T}}\boldsymbol{e}_{ik}}{\partial\boldsymbol{p}}$ 可以替代 $\boldsymbol{R}(\boldsymbol{p})$ 中 $\dfrac{\partial\|\boldsymbol{e}_{jk}\|^2}{\partial\boldsymbol{p}}$ 所在的行，所以可以通过修改的刚度函数 $r_G(\boldsymbol{p})$ 来区别不同的框架。

关于弱刚性的定义如下：

对于给定的集合 T_G^* 有 $(\boldsymbol{p}_i-\boldsymbol{p}_j)^{\mathrm{T}}(\boldsymbol{p}_i-\boldsymbol{p}_k)=(\boldsymbol{q}_i-\boldsymbol{q}_j)^{\mathrm{T}}(\boldsymbol{q}_i-\boldsymbol{q}_k)$，$\forall(i,j,k)\in T_G^*$ 时，框架 $(G_w,\boldsymbol{p})$ 和框架 $(G_w,\boldsymbol{q})$ 是弱等价的。当 $(\boldsymbol{p}_i-\boldsymbol{p}_j)^{\mathrm{T}}(\boldsymbol{p}_i-\boldsymbol{p}_k)=(\boldsymbol{q}_i-\boldsymbol{q}_j)^{\mathrm{T}}(\boldsymbol{q}_i-\boldsymbol{q}_k)$，$\forall i,j,k\in V$ 时，框架 $(G_w,\boldsymbol{p})$ 和框架 $(G_w,\boldsymbol{q})$ 是弱全等的。当存在 $\boldsymbol{p}$ 的邻域 $U_{\boldsymbol{p}}$，对 $\forall\boldsymbol{q}\in U_{\boldsymbol{p}}$，如果框架 $(G_w,\boldsymbol{p})$ 弱等价于框架 $(G_w,\boldsymbol{q})$ 能得到框架 $(G_w,\boldsymbol{p})$ 弱全等于框架 $(G_w,\boldsymbol{q})$，则称框架 $(G_w,\boldsymbol{p})$ 是弱刚性的。

修改的刚度函数 $r_G(\boldsymbol{p})$ 是区别弱刚性框架 $(G_w,\boldsymbol{p})$ 的关键。对于运动框架，保证 $r_G(\boldsymbol{p})$ 不变的速度分配，即 $\dot{r}_G(\boldsymbol{p})=0$，称为无穷小弱刚性运动，即

$$(\boldsymbol{v}_i-\boldsymbol{v}_j)^{\mathrm{T}}\boldsymbol{e}_{ik}+\boldsymbol{e}_{ij}(\boldsymbol{v}_i-\boldsymbol{v}_k)=0,\quad (i,j,k)\in T_G^* \tag{7-2}$$

式中，$\boldsymbol{v}_i=\dot{\boldsymbol{p}}_i$ 表示顶点 i 的速度矢量。

同理，式(7-2)还可以写成 $\dot{r}_G(\boldsymbol{p})=\boldsymbol{R}_w(\boldsymbol{p})\dot{\boldsymbol{p}}=0$，其中 $\boldsymbol{R}_w(\boldsymbol{p})=\dfrac{\partial r_G(\boldsymbol{p})}{\partial\boldsymbol{p}}\in\mathbf{R}^{s\times nd}$。所以，当 $\mathrm{rank}(\mathbf{R}_w(\boldsymbol{p}))=nd-T(n,d)$ 时，框架 $(G,\boldsymbol{p})$ 是无穷小弱刚性的。

定义 7.1 框架 $(G_w,\boldsymbol{p})$ 是最小弱刚性的，当且仅当框架 $(G_w,\boldsymbol{p})$ 是弱刚性的。框架 $(G_w,\boldsymbol{p})$ 对应的集合 T_G^* 中元素个数为 $s=nd-T(n,d)$，并且删除框架 $(G_w,\boldsymbol{p})$ 中任意边，框架 $(G_w,\boldsymbol{p})$ 将失去弱刚性。

对比刚性理论和弱刚性理论可知，如果用函数 $g_G(\boldsymbol{p})$ 和 $r_G(\boldsymbol{p})$ 来描述同一个框架，由于函数 $r_G(\boldsymbol{p})$ 中以相对位移内积 $\boldsymbol{e}_{ij}^{\mathrm{T}}\boldsymbol{e}_{ik}$ 替代距离 $\|\boldsymbol{e}_{jk}\|^2$，可以发现 $r_G(\boldsymbol{p})$ 中边的数量要明显小于 $g_G(\boldsymbol{p})$。本章的目的就是最大限度地减少 $r_G(\boldsymbol{p})$ 中边的数量，即生成最小弱刚性编队。

7.2　最小弱刚性编队通信拓扑生成

7.2.1　最小弱刚性编队判定条件

与刚性理论对比易知，修改的刚度函数 $r_G(\boldsymbol{p})$ 必定存在对应的刚度函数 $g_G(\boldsymbol{p})$，所以可以把判断框架是否弱刚性的问题转换成判断框架是否刚性的问题，由此可以得到定理 7.1。

定理 7.1　框架 $(G_w,\boldsymbol{p})$ 通过将对应集合 T_G^* 中元素 (i,j,k)（其中 $j\neq k$）变换为 (j,k,k)，可以将修改的刚度函数 $r_G(\boldsymbol{p})$ 还原成刚度函数 $g_G(\boldsymbol{p})$，若刚度函数 $g_G(\boldsymbol{p})$ 对应的框架 $(G,\boldsymbol{p})$ 是刚性的，则框架 $(G_w,\boldsymbol{p})$ 是弱刚性的。

证明：将框架 $(G_w,\boldsymbol{p})$ 进行定理中的操作可以得到框架 $(G,\boldsymbol{p})$，并且框架 $(G,\boldsymbol{p})$ 是刚性的。所以存在 $\boldsymbol{p}$ 的邻域 U_p，对 $\forall\boldsymbol{q}\in U_p$，使得框架 $(G,\boldsymbol{p})$ 等价于框架 $(G,\boldsymbol{q})$，能推出框架 $(G,\boldsymbol{p})$ 全等于框架 $(G,\boldsymbol{q})$。由于 $\|\boldsymbol{e}_{jk}\|^2=\|\boldsymbol{e}_{ik}\|^2+\|\boldsymbol{e}_{ij}\|^2-2\boldsymbol{e}_{ij}^{\mathrm{T}}\boldsymbol{e}_{ik}$，所以等价可以推出弱等价，全等可以推出弱全等。因此，存在 $\boldsymbol{p}$ 的邻域 U_p，对 $\forall\boldsymbol{q}\in U_p$，使得框架 $(G_w,\boldsymbol{p})$ 弱等价于框架 $(G_w,\boldsymbol{q})$，能推出框架 $(G_w,\boldsymbol{p})$ 弱全等于框架 $(G_w,\boldsymbol{q})$，所以框架 $(G_w,\boldsymbol{p})$ 是弱刚性的。定理 7.1 成立。

由定理 7.1 知，所有的弱刚性框架都可以找到与之对应的刚性框架，由此可以得到定理 7.2。

定理 7.2　框架 $(G_w,\boldsymbol{p})$ 是无穷小弱刚性的，则框架 $(G_w,\boldsymbol{p})$ 是弱刚性的。

证明：由于框架 $(G_w,\boldsymbol{p})$ 是无穷小弱刚性的，有 $\dot{r}_G(\boldsymbol{p})=0$。将无穷小弱刚性框架 $(G_w,\boldsymbol{p})$ 进行定理 7.1 中的操作得到框架 $(G,\boldsymbol{p})$。由于 $\dot{r}_G(\boldsymbol{p})=0$，框架 $(G,\boldsymbol{p})$ 对应的刚度函数满足 $\dot{g}_G(\boldsymbol{p})=0$，框架 $(G,\boldsymbol{p})$ 是无穷小刚性的。由于无穷小刚性蕴含刚性，框架 $(G,\boldsymbol{p})$ 是刚性的，则框架 $(G_w,\boldsymbol{p})$ 是弱刚性的。

定理 7.3　框架 $(G_w,\boldsymbol{p})$ 是最小弱刚性的，则框架是连接的。

证明：假设框架 $(G_w,\boldsymbol{p})$ 是最小弱刚性的，且框架不是连接的。由定义 7.1 知框架 $(G_w,\boldsymbol{p})$ 是弱刚性的，则与框架 $(G_w,\boldsymbol{p})$ 相对应的框架 $(G,\boldsymbol{p})$ 是刚性的，并且框架 $(G,\boldsymbol{p})$ 也是不连接的。这与刚性理论中刚性框架是连接的相矛盾。所以假设不成立，定理 7.3 成立。

由于二维空间中生成树是连接图中边最少的，只要找到一种生成树保证它是弱刚性的，这种生成树就是最小弱刚性的。具体见定理 7.4。

定理 7.4　在二维空间中，顶点数 $n\geqslant 3$ 的图 T_r 是生成树并且对 $\forall i\in V_{tr}$，当 $|N_i|\geqslant 2$ 时，存在两个顶点 $j,k\in N_i$ 使得 $\boldsymbol{e}_{ij}$ 和 $\boldsymbol{e}_{ik}$ 不共线，则框架 $(T_r,\boldsymbol{p})$ 是最小弱

刚性的。

证明:由定义 7.1 和定理 7.2 可知,找到由 $2n-3$ 个元素组成的集合 $T_{T_r}^*$ 使得修改的刚度函数 $r_{T_r}(\boldsymbol{p})$ 满足 $\dot{r}_{T_r}(\boldsymbol{p})=0$,即 $\operatorname{rank}(\boldsymbol{R}_w(\boldsymbol{p}))=2n-3$,则框架 $(T_r,\boldsymbol{p})$ 是最小弱刚性的。令 $\boldsymbol{e}_{tr}=(\cdots,\boldsymbol{e}_{ij}^{\mathrm{T}},\cdots)^{\mathrm{T}}$,$(i,j)\in E_{tr}$,$T_{T_r}^*=\{(i,j,j)\in V:(i,j)\in E_{tr}\}\cup F$,可得

$$r_{T_r}(\boldsymbol{p})=(g_{T_r}^{\mathrm{T}}(\boldsymbol{p}),\bar{r}^{\mathrm{T}}(\boldsymbol{p}))^{\mathrm{T}}$$

其中,$g_{T_r}^{\mathrm{T}}(\boldsymbol{p})=(\cdots,\|\boldsymbol{e}_{ij}\|^2,\cdots)^{\mathrm{T}}$,$(i,j)\in E_{tr}$,$\bar{r}^{\mathrm{T}}(\boldsymbol{p})=[\cdots,\boldsymbol{e}_{ij}^{\mathrm{T}}\boldsymbol{e}_{ik},\cdots]^{\mathrm{T}}$,$(i,j,k)\in F$,找到分量 $\bar{r}^{\mathrm{T}}(\boldsymbol{p})$ 等同于找到集合 F。

令集合 $H\subseteq V$ 是由在图 T_r 中顶点的邻居数大于等于 2 的顶点组成的,即 $\forall i\in H$,$|N_i|\geqslant 2$。在连通图 T_r 中有

$$2|E_{tr}|=\sum_{i\in V}|N_i|=|V|-|H|+\sum_{i\in H}|N_i| \tag{7-3}$$

又由于图 T_r 是生成树,所以 $n=|V|=|E_{tr}|+1=m+1$。上式可以写成

$$\sum_{i\in H}|N_i|-|H|=m-1 \tag{7-4}$$

对 $\forall i\in H$,可以往集合 $\bar{r}^{\mathrm{T}}(\boldsymbol{p})$ 中添加 $|N|_i-1$ 个元素。这些元素是与 $|N_i|$ 条边相对应的相对位置向量的成对内积。对 $\forall i\in H$,可以将集合 N_i 划分成两个不相交的集合 $\widehat{N}_i$ 和 $\breve{N}_i$,对 $\forall i\in\widehat{N}_i$,$\forall j\in\breve{N}_i$,$\boldsymbol{e}_{ij}$ 和 $\boldsymbol{e}_{ik}$ 不共线。

首先任选顶点 $j_i\in\widehat{N}_i$,将元素 $\boldsymbol{e}_{ij_i}^{\mathrm{T}}\boldsymbol{e}_{ik}$,$k\in\breve{N}_i$ 放入集合 $\bar{r}^{\mathrm{T}}(\boldsymbol{p})$ 中;接着任选顶点 $k_i\in\breve{N}_i$,将元素 $\boldsymbol{e}_{ij}^{\mathrm{T}}\boldsymbol{e}_{ik_i}$,$j\in\widehat{N}_i\setminus\{j_i\}$ 放入集合 $\bar{r}^{\mathrm{T}}(\boldsymbol{p})$ 中。一共放入 $\widehat{N}_i+\breve{N}_i-1=N_i-1$ 个元素集合 $\bar{r}^{\mathrm{T}}(\boldsymbol{p})$ 中。通过上述操作,可以将 $\sum\limits_{i\in H}N_i-1=m-1$ 个元素放入集合 $\bar{r}^{\mathrm{T}}(\boldsymbol{p})$ 中。找到分量 $\bar{r}^{\mathrm{T}}(\boldsymbol{p})$ 后,只要证明 $\dfrac{\partial g_{T_r}^{\mathrm{T}}(\boldsymbol{p})}{\partial\boldsymbol{p}}$ 中 m 个行向量和 $\dfrac{\partial\bar{r}^{\mathrm{T}}(\boldsymbol{p})}{\partial\boldsymbol{p}}$ 中 $m-1$ 个行向量线性无关,可以得到 $\operatorname{rank}(\boldsymbol{R}_w(\boldsymbol{p}))=2m-1=2n-3$。下面证明这 $2m-1$ 个向量线性无关。

$$\sum_{i\in H}\left(\sum_{k\in\breve{N}_i}l_{ik}\frac{\partial\boldsymbol{e}_{ij_i}^{\mathrm{T}}\boldsymbol{e}_{ik}}{\partial\boldsymbol{p}}+\sum_{j\in\widehat{N}_i\setminus\{j_i\}}l_{ij}\frac{\partial\boldsymbol{e}_{ij}^{\mathrm{T}}\boldsymbol{e}_{ik_i}}{\partial\boldsymbol{p}}+\sum_{h\in N_i}\bar{l}_{ih}\frac{\partial\|\boldsymbol{e}_{ih}\|^2}{\partial\boldsymbol{p}}\right)=0 \tag{7-5}$$

式中,l_{ij} 和 $\bar{l}_{ij}$ 为标量。

由于图 T_r 是生成树,则图 T_r 至少包含两个一次顶点(树叶),所以存在 $i\in H$,使得树叶顶点 $j\in N_i$,在集合 $\bar{r}^{\mathrm{T}}(\boldsymbol{p})$ 仅存在一个元素 $\boldsymbol{e}_{ij}^{\mathrm{T}}\boldsymbol{e}_{ik}$ 与 $\boldsymbol{p}_j$ 有关;由于 $\boldsymbol{e}_{ij}$ 和 $\boldsymbol{e}_{ik}$ 不共线,元素 $\boldsymbol{e}_{ij}^{\mathrm{T}}\boldsymbol{e}_{ik}$ 和元素 $\|\boldsymbol{e}_{ij}\|^2$ 对 $\boldsymbol{p}$ 求导后的向量也不共线;要使式(7-5)成立,$l_{ij}=\bar{l}_{ij}=0$。删除顶点 j 之后剩余图仍然是生成树,要使式(7-5)成立,存在树叶顶

点 $j' \in V\backslash\{j\}$ 使得 $l_{i'j'}=\bar{l}_{i'j'}=0$。重复上述步骤，可以得到 $\forall (i,j)\in E_{tr}, l_{ij}=\bar{l}_{ij}=0$，所以 $\operatorname{rank}(\boldsymbol{R}_w(\boldsymbol{p}))=2m-1=2n-3$，框架$(T_r,\boldsymbol{p})$是最小弱刚性的。

7.2.2 最小弱刚性编队通信拓扑生成算法

由定理 7.4 知，在二维空间中生成满足要求的生成树就得到了最小弱刚性编队。首先在编队初始通信拓扑中随机选取一条边，在这一条边和两个顶点的基础上逐渐加入新的边和顶点(每次只加入一个顶点和一条边)，加入新边的过程中须保证不与之前加入的边共线，直到加入所有的顶点，就可以得到满足要求的生成树。具体算法如下。

步骤 1：输入刚性图 $G=(V,E)$，$\boldsymbol{p}=(\boldsymbol{p}_1^{\mathrm{T}},\boldsymbol{p}_2^{\mathrm{T}},\cdots,\boldsymbol{p}_n^{\mathrm{T}})^{\mathrm{T}}\in\mathbf{R}^{2n}$。

步骤 2：输入空集 V_{tr}，E_{tr} 和 $T_{T_r}^*$，V_{tr} 表示顶点集，E_{tr} 表示边集，$T_{T_r}^*$ 表示最小弱刚性框架对应的修改的刚度矩阵中元素下标的集。首先在顶点集和边集中加入初始顶点和边，随机选择边$(i,j)\in E$ 使得 $V_{tr}=V_{tr}+\{i,j\}$，并且 $E_{tr}=E_{tr}+(i,j)$。

步骤 3：当顶点集合 V_{tr} 中元素个数不足 n 个，即 $|V_{tr}|<n$ 时，选择边$(l,m)\in E$，其中顶点 $l\in V_{tr}$，顶点 $m\in V\backslash V_{tr}$ 并且存在顶点 $s\in V_{tr}$，边$(s,l)\in E_{tr}$，使得边(s,l)和边(l,m)不共线，则将顶点 m 加入顶点集 V_{tr}：$V_{tr}=V_{tr}+\{m\}$，边(l,m)加入边集 E_{tr}：$E_{tr}=E_{tr}+(l,m)$。

步骤 4：令生成树 $T_r=(V_{tr},E_{tr})$，集合 $T_{T_r}^*=\{(i,j,j)\in V,(i,j)\in E_{tr}\}$。

步骤 5：对任意顶点 $i\in V_{tr}$，当顶点 i 的邻居个数大于等于 2，即 $|N_i|\geqslant 2$ 时，随机选择顶点 $j_i\in N_i$，令集合 $\hat{N}_i=\{j_i\}\cup\{k\in N_i$：边$(i,j_i)$与边$(i,k)$共线$\}$，集合 $\breve{N}_i=N_i\backslash\hat{N}_i$。

步骤 6：当集合 $\breve{N}_i$ 不是空集时，对所有顶点 $l\in\breve{N}_i$，将元素(i,j_i,l)加入集合 $T_{T_r}^*$：$T_{T_r}^*=T_{T_r}^*+\{(i,j_i,l),l\in\breve{N}_i\}$。

步骤 7：当集合 $\breve{N}_i$ 不是空集，并且集合 $\hat{N}_i$ 中元素个数大于 1，即 $|\hat{N}_i|>1$ 时，随机选择顶点 $m\in\breve{N}_i$，对所有顶点 $j\in\hat{N}_i\backslash\{j_i\}$，将元素$(i,j,m)$加入集合 $T_{T_r}^*$：$T_{T_r}^*=T_{T_r}^*+\{(i,j,m)\}$。

步骤 8：输出生成树 $T_r=(V_{tr},E_{tr})$，集合 $T_{T_r}^*$，框架$(T_r,\boldsymbol{p})$是最小弱刚性的。

可以采用 7.2.2 节中网络复杂性评估方法对该算法得到的最小弱刚性编队通信拓扑进行网络复杂性评估，通过找到所有符合要求的最小弱刚性编队通信拓扑，输出网络复杂性小的编队通信拓扑。具体参照 7.2.2 节。

另外，从最小弱刚性编队通信拓扑生成算法可知，每次增加节点时并不改变拓扑的最小弱刚性,故可以将该算法应用于动态环境中节点增加的情况,使得编队能保持最小弱刚性。

7.3 基于 H_2 性能的最小弱刚性编队通信拓扑优化生成

参照基于 Henneberg 序列的编队通信拓扑生成算法可知,在最小弱刚性编队生成算法的步骤 3 中保证每次加入的无人飞行器的 H_2 性能最小即可。具体算法如下。

步骤 1:输入 $G=(V,E)$,$\boldsymbol{p}=(\boldsymbol{p}_1^{\mathrm{T}},\boldsymbol{p}_2^{\mathrm{T}},\cdots,\boldsymbol{p}_n^{\mathrm{T}})^{\mathrm{T}}\in\mathbf{R}^{2n}$,对应于 n 个飞行器,由集合 $V=\{1,2,\cdots,n\}$表示,每个无人飞行器的 H_2 性能为 $\left\|\sum_i\right\|_2$。

步骤 2:输入空集 V_{tr},E_{tr} 和 $T_{T_r}^*$,V_{tr} 表示顶点集,E_{tr} 表示边集,$T_{T_r}^*$ 表示最小弱刚性框架对应的修改的刚度矩阵中元素下标的集;首先在顶点集和边集中加入初始顶点和边,选择边$(i,j)\in E$,其中 $\left\|\sum_i\right\|_2+\left\|\sum_j\right\|_2$ 最小,使得 $V_{tr}=V_{tr}+\{i,j\}$,并且 $E_{tr}=E_{tr}+(i,j)$。

步骤 3:当顶点集合 V_{tr} 中元素个数不足 n 个,即$|V_{tr}|<n$ 时,选择边$(l,m)\in E$,其中顶点 $l\in V_{tr}$,顶点 $m\in V\backslash V_{tr}$,$\left\|\sum_m\right\|_2$ 最小,并且存在顶点 $s\in V_{tr}$,边$(s,l)\in E_{tr}$ 使得边(s,l)和边(l,m)不共线,则将顶点 m 加入顶点集 V_{tr}:$V_{tr}=V_{tr}+\{m\}$,边(l,m)加入边集 E_{tr}:$E_{tr}=E_{tr}+(l,m)$。

步骤 4:令生成树 $T_r=(V_{tr},E_{tr})$,集合 $T_{T_r}^*=\{(i,j,j)\in V:(i,j)\in E_{tr}\}$。

步骤 5:对任意顶点 $i\in V_{tr}$,当顶点 i 的邻居个数大于等于 2,即$|N_i|\geqslant 2$ 时,随机选择顶点 $j_i\in N_i$,令集合 $\hat{N}_i=\{j_i\}\cup\{k\in N_i$:边$(i,j_i)$与边$(i,k)$共线$\}$,集合 $\breve{N}_i=N_i\backslash\hat{N}_i$。

步骤 6:当集合 $\breve{N}_i$ 不是空集时,对所有顶点 $l\in\breve{N}_i$,将元素(i,j_i,l)加入集合 $T_{T_r}^*$:$T_{T_r}^*=T_{T_r}^*+\{(i,j_i,l),l\in\breve{N}_i\}$。

步骤 7:当集合 $\breve{N}_i$ 不是空集,并且集合 $\hat{N}_i$ 中元素个数大于 1,即$|\hat{N}_i|>1$ 时,随机选择顶点 $m\in\breve{N}_i$,对所有顶点 $j\in\hat{N}_i\backslash\{j_i\}$,将元素$(i,j,m)$加入集合 $T_{T_r}^*$: $T_{T_r}^*=T_{T_r}^*+\{(i,j,m)\}$。

步骤 8:输出生成树 $T_r=(V_{tr},E_{tr})$,集合 $T_{T_r}^*$,框架$(T_r,\boldsymbol{p})$是最小弱刚性的,且系统的 H_2 性能最优。

7.4　仿真验证

7.4.1　最小弱刚性编队通信拓扑生成算法仿真验证

为了验证所提算法的有效性，下面给出两组实例仿真。在二维空间中分别考虑 16 个和 32 个无人飞行器，所有无人飞行器随机分布在给定的空间中；假设每个无人飞行器上的传感器相同，通信范围 $r=30$ m，并且每个无人飞行器只能与通信范围内的无人飞行器(邻居)进行通信。

由表 7-1 可知，最小弱刚性编队通信拓扑能很大程度地减少编队中边的数量，只有最小刚性编队通信拓扑的一半左右。无人飞行器编队规模越大，减少的通信边数越多，所以提出的算法能极大地简化编队通信拓扑。

表 7-1　不同编队规模下不同编队类型中边的数量

编队规模	刚性	最小刚性	最小弱刚性
16	81	29	15
32	322	61	31

16 个无人飞行器的仿真结果如图 7-2～图 7-4 所示。对比图 7-2、图 7-3 和图 7-4 可知，最小弱刚性编队中大部分无人飞行器只与两个邻居建立通信连接，每个无人飞行器接收和发送信息的任务量几乎一样，可以提升整个编队的存活时间。

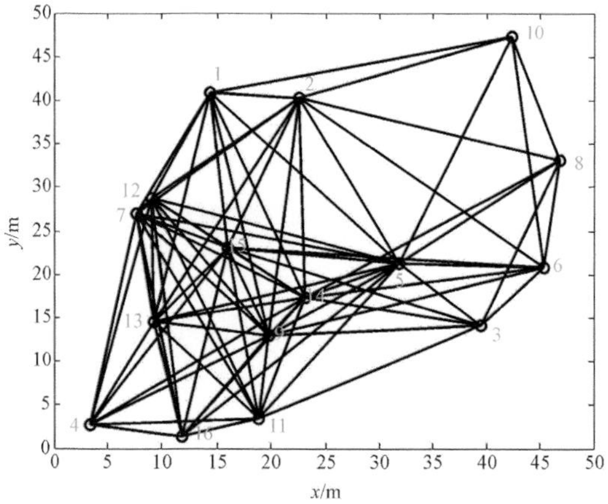

图 7-2　16 个无人飞行器采用邻域规则组成的刚性编队通信拓扑

32 个无人飞行器的仿真结果见表 7-2 和图 7-5～图 7-7。对比图 7-5、图 7-6 和图 7-7 可知，最小弱刚性编队通信拓扑极大地简化了编队通信拓扑，可以提升整个编队的存活时间。

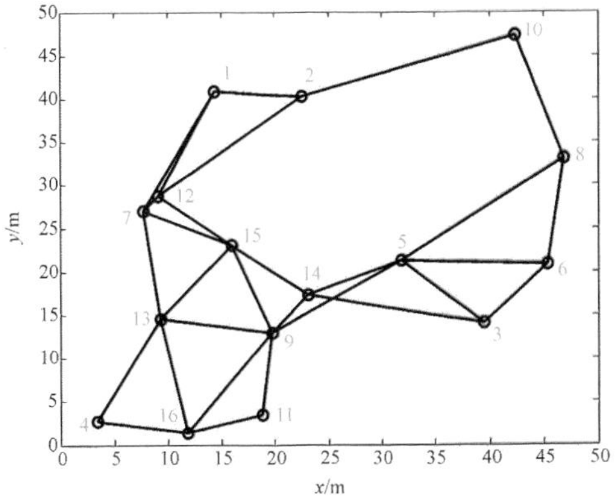

图 7-3　由文献[74]得到的 16 个无人飞行器组成的最小刚性编队通信拓扑

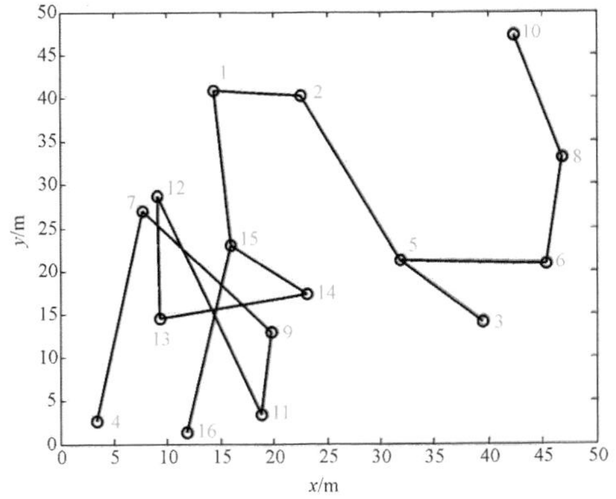

图 7-4　由本章所提算法生成的 16 个无人飞行器组成的最小弱刚性编队通信拓扑

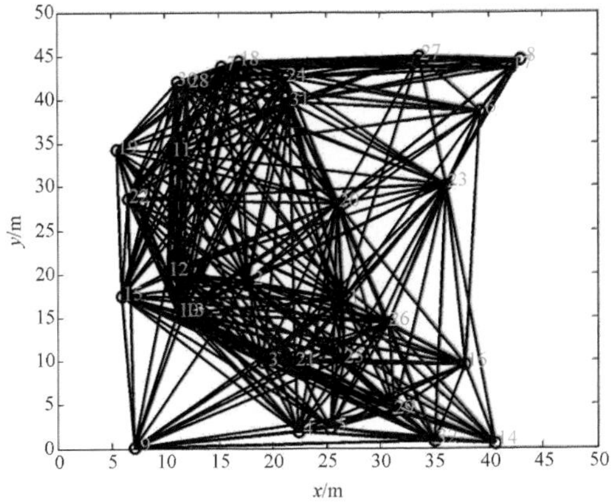

图 7-5　32 个无人飞行器采用邻域规则组成的刚性编队通信拓扑

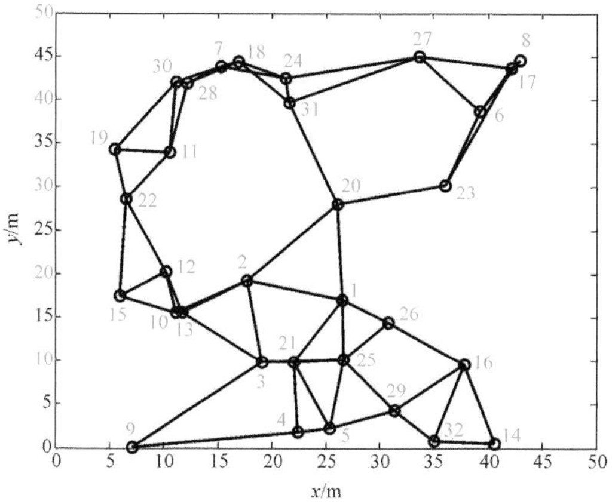

图 7-6　由文献[74]得到的 32 个无人飞行器组成的最小刚性编队通信拓扑

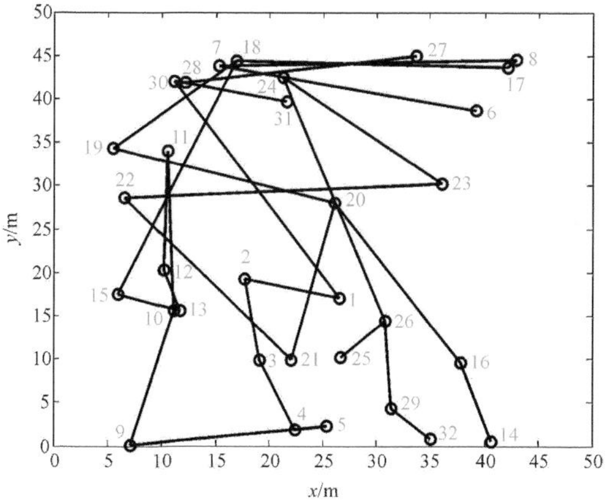

图 7-7　由本章所提算法生成的 32 个无人飞行器组成的最小弱刚性编队通信拓扑

7.4.2　基于 H_2 性能的最小弱刚性编队通信拓扑优化生成仿真验证

为了验证所提算法的有效性,下面给出两组实例仿真。在二维空间中分别考虑 16 个和 32 个无人飞行器,所有无人飞行器随机分布在给定的空间中;假设每个无人飞行器上的传感器相同,通信范围 $r=30$ m,并且每个无人飞行器只能与通信范围内的无人飞行器(邻居)进行通信,在 MATLAB 中为每个无人飞行器分配一个随机稳定的 SISO 状态空间模型。仿真结果见表 7-2 和图 7-8～图 7-11。由表 7-2 可知,基于 H_2 性能的最小弱刚性编队通信拓扑优化生成算法所得的编队通信拓扑 H_2

性能要优于一般最小弱刚性编队通信拓扑生成算法所得。由图 7-8～图 7-11 可知，区别于一般最小弱刚性编队通信拓扑生成算法，基于 H_2 性能的最小弱刚性编队通信拓扑优化生成算法能得到不同的编队通信拓扑，由此可计算出编队通信拓扑的 H_2 性能。

表 7-2 不同编队规模下不同编队通信拓扑的 H_2 性能

编队规模	最小弱刚性编队通信拓扑生成算法	基于 H_2 性能的最小弱刚性编队通信拓扑优化生成算法
16	5.325 7	4.191 3
32	16.199 6	15.591 6

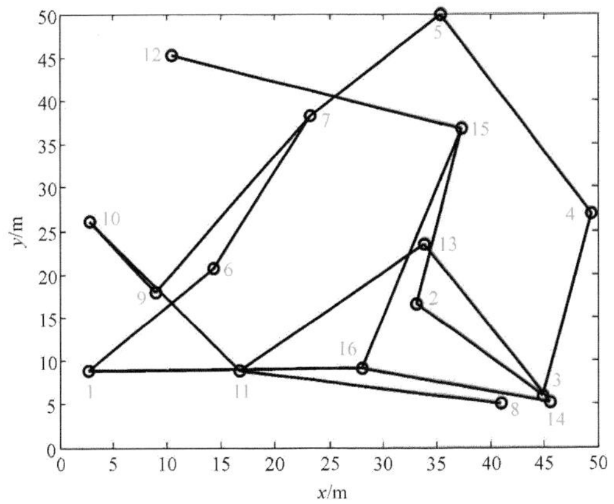

图 7-8 16 个无人飞行器组成的最小弱刚性编队通信拓扑

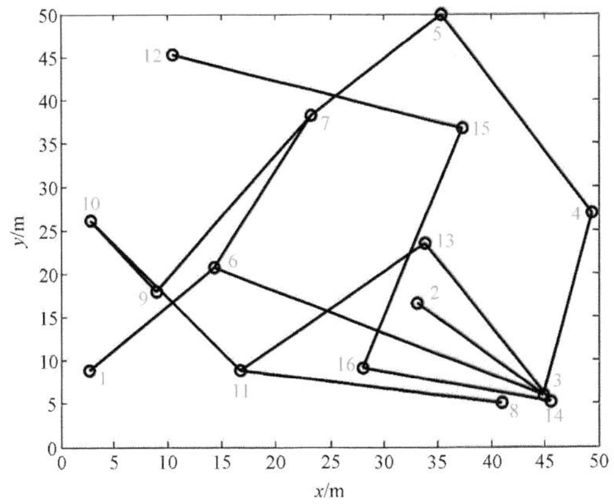

图 7-9 16 个无人飞行器组成基于 H_2 性能的最小弱刚性编队通信拓扑

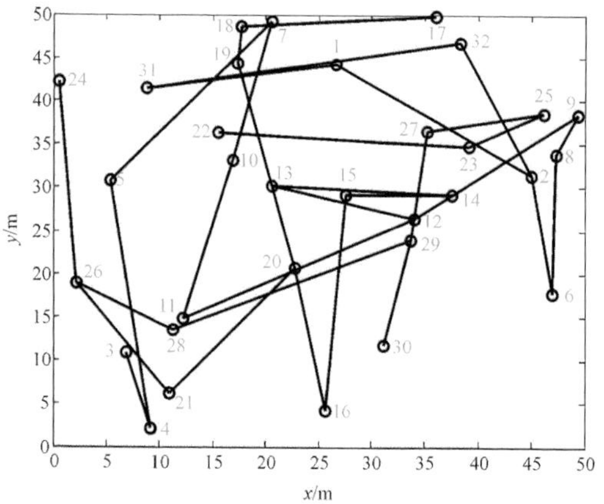

图 7-10　32 个无人飞行器组成最小弱刚性编队通信拓扑

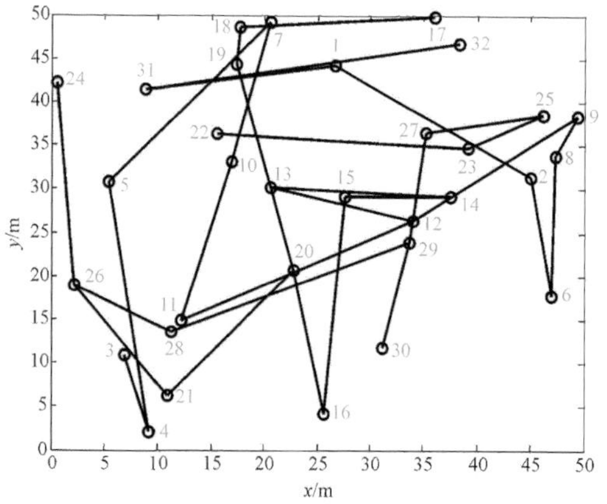

图 7-11　32 个无人飞行器组成基于 H_2 性能的最小弱刚性编队通信拓扑

本章小结

本章采用了一种弱刚性理论。与刚性理论相比,该理论允许通过更少的边来确定框架。通过约束框架内相对位移的内积来确定框架,利用了刚性理论中未使用的角信息,从而给出了最小弱刚性框架的判定条件,并导出了生成最小弱刚性框架的充分条件,并根据这个充分条件给出了生成最小弱刚性编队的算法。该算法可用于动态环境下最小弱刚性编队的生成。另外,通过引入系统 H_2 性能度量,得到了基于 H_2 性能的最小弱刚性编队优化生成算法。

第8章　基于距离的弱刚性编队控制器设计

在基于距离的编队控制中，大多数研究都针对刚性编队，对于弱刚性的研究还处于起步阶段。文献[75]引入编队的弱刚性，并且提出了基于距离的编队控制律，以生成无穷小弱刚性编队，但该控制律针对的是一组单积分模型的无人飞行器，没有考虑系统中无人飞行器的速度等状态量。文献[43]引入了弱刚度矩阵的新概念，用弱刚度矩阵直接检验框架是否为无穷小弱刚性，并将新概念应用于三无人飞行器编队控制问题。文献[44]提出了广义刚性和广义无穷小刚性的概念，将广义无穷小刚性应用于含有 n 个无人飞行器的编队控制问题，并证明了广义无穷小刚性编队局部渐近收敛到期望的队形。上述文献都只是研究了无穷小弱刚性编队的控制问题，并没有考虑一般情况下弱刚性编队的控制问题。

本章设计了一种弱刚性编队生成控制器，该控制器适用于所有的弱刚性编队（包括无穷小弱刚性编队）；针对拓扑切换控制，通过在弱刚性编队生成控制律的基础上加入缓冲控制项，设计了编队队形重构的控制律，并证明了系统的稳定性；同时被控对象是单积分和双积分模型，实际应用范围更加广泛。

8.1　模型建立

8.1.1　单积分模型建立

在 d 维空间中考虑 n 个单积分模型的无人飞行器

$$\dot{\boldsymbol{p}}_{wi}=\boldsymbol{u}_{wi},\quad i\in V \tag{8-1}$$

式中，$\boldsymbol{p}_{wi}\in\mathbf{R}^d$ 表示在全局坐标系 $\sum g$ 中无人飞行器 i 的位置；$\boldsymbol{u}_{wi}\in\mathbf{R}^d$ 表示在全局坐标系 $\sum g$ 中设计的速度输入。

假设每个无人飞行器的方位不需要与全局坐标系保持一致，$\sum \mathrm{local}(i)$ 表示无人飞行器 i 的局部坐标系。通过采用上标表示坐标系，无人飞行器的单积分模型可被写为

$$\dot{\boldsymbol{p}}_{wi}^{i}=\boldsymbol{u}_{wi}^{i},\quad i\in V \tag{8-2}$$

式中，$\boldsymbol{p}_{wi}^{i}\in\mathbf{R}^{d}$ 表示在局部坐标系 $\sum\text{local}(i)$ 中无人飞行器 i 的位置；$\boldsymbol{u}_{wi}^{i}\in\mathbf{R}^{d}$ 表示在局部坐标系 $\sum\text{local}(i)$ 中设计的速度输入。

系统中无人飞行器间的通信拓扑用弱刚性图 $G_w=(V,E_w)$ 来表示。假设每个无人飞行器以自己的局部坐标系为基准测量其邻近无人飞行器的相对位置，以下测量可通过无人飞行器 $i(i\in V)$ 得到：

$$\boldsymbol{p}_{wji}^{i}=\boldsymbol{p}_{wj}^{i}-\boldsymbol{p}_{wi}^{i}\equiv\boldsymbol{p}_{wj}^{i},\quad \forall j\in N_i \tag{8-3}$$

式中，$\boldsymbol{p}_{wj}^{i}\in\mathbf{R}^{d}$ 表示在局部坐标系 $\sum\text{local}(i)$ 中无人飞行器 j 的位置。

对于期望队形 $\boldsymbol{p}_w^*=(\boldsymbol{p}_{w1}^{*\text{T}},\boldsymbol{p}_{w2}^{*\text{T}},\cdots,\boldsymbol{p}_{wn}^{*\text{T}})^{\text{T}}\in\mathbf{R}^{nd}$，期望的平衡状态可以被描述为集合 $E_{p_w^*}$，即

$$E_{p_w^*}=\left\{\begin{matrix}\boldsymbol{p}_w\in\mathbf{R}^{nd}:(\boldsymbol{p}_{wj}-\boldsymbol{p}_{wi})^{\text{T}}(\boldsymbol{p}_{wk}-\boldsymbol{p}_{wi})=\\(\boldsymbol{p}_{wj}^*-\boldsymbol{p}_{wi}^*)^{\text{T}}(\boldsymbol{p}_{wk}^*-\boldsymbol{p}_{wi}^*),\forall(i,j,k)\in T_G\end{matrix}\right\} \tag{8-4}$$

式中，$T_G=\{(i,j,k)\in V^3:(i,j),(i,k)\in E\}$，其中 $G=(V,E)$ 为弱刚性图 $G_w=(V,E_w)$ 对应的刚性图。

这样，单积分模型无人飞行器的队形形成控制问题可陈述如下：

在 d 维空间中 n 个单积分模型无人飞行器，假设无人飞行器之间的通信拓扑为弱刚性图 $G_w=(V,E_w)$。给定一个期望框架 $(G_w,\boldsymbol{p}_w^*)$，其中 $\boldsymbol{p}_w^*\in\mathbf{R}^{nd}$，在测量(8-3)的基础上设计分布式控制律，使得系统在该分布式控制律的作用下 $E_{p_w^*}$ 渐近稳定。

8.1.2　双积分模型建立

在 d 维空间中考虑 n 个双积分模型的无人飞行器

$$\begin{cases}\dot{\boldsymbol{p}}_{wi}=\boldsymbol{v}_{wi}\\\boldsymbol{v}_{wi}=\boldsymbol{u}_{wi}\end{cases},\quad i\in V \tag{8-5}$$

式中，$\boldsymbol{p}_{wi}\in\mathbf{R}^{d}$ 表示全局坐标系 $\sum g$ 中无人飞行器 i 的位置；$\boldsymbol{v}_{wi}\in\mathbf{R}^{d}$ 表示全局坐标系 $\sum g$ 中无人飞行器 i 的速度；$\boldsymbol{u}_{wi}\in\mathbf{R}^{d}$ 表示全局坐标系 $\sum g$ 中设计的加速度输入。

假设每个无人飞行器的方位不需要与全局坐标系保持一致，$\sum\text{local}(i)$ 表示无人飞行器 i 的局部坐标系。通过采用上标表示坐标系，无人飞行器的双积分模型可被写为

$$\begin{cases}\dot{\boldsymbol{p}}_{wi}^{i}=\boldsymbol{v}_{wi}^{i}\\\dot{\boldsymbol{v}}_{wi}^{i}=\boldsymbol{u}_{wi}^{i}\end{cases},\quad i\in V \tag{8-6}$$

式中，$\boldsymbol{p}_{wi}^{i}\in\mathbf{R}^{d}$ 表示局部坐标系 $\sum\text{local}(i)$ 中无人飞行器 i 的位置；$\boldsymbol{v}_{wi}^{i}\in\mathbf{R}^{d}$ 表示局部坐标系 $\sum\text{local}(i)$ 中无人飞行器 i 的速度；$\boldsymbol{u}_{wi}^{i}\in\mathbf{R}^{d}$ 表示局部坐标系 $\sum\text{local}(i)$ 中设计的加速度输入。

对于期望队形 $\boldsymbol{p}_{w}^{*}=(\boldsymbol{p}_{w1}^{*\mathrm{T}},\boldsymbol{p}_{w2}^{*\mathrm{T}},\cdots,\boldsymbol{p}_{wn}^{*\mathrm{T}})^{\mathrm{T}}\in\mathbf{R}^{nd}$，期望的平衡状态可以被描述为集合 E_{p^*,v^*}，即

$$E_{\boldsymbol{p}_w^*,\boldsymbol{v}_w^*}=\left\{\begin{array}{l}[\boldsymbol{p}_w^{\mathrm{T}},\boldsymbol{v}_w^{\mathrm{T}}]^{\mathrm{T}}\in\mathbf{R}^{2nd}:(\boldsymbol{p}_{wj}-\boldsymbol{p}_{wi})^{\mathrm{T}}(\boldsymbol{p}_{wk}-\boldsymbol{p}_{wi})=\\(\boldsymbol{p}_{wj}^{*}-\boldsymbol{p}_{wi}^{*})^{\mathrm{T}}(\boldsymbol{p}_{wk}^{*}-\boldsymbol{p}_{wi}^{*}),\boldsymbol{v}_w=0,\forall(i,j,k)\in T_G\end{array}\right\}\tag{8-7}$$

式中，$\boldsymbol{p}_w=[\boldsymbol{p}_{w1}^{\mathrm{T}},\boldsymbol{p}_{w2}^{\mathrm{T}},\cdots,\boldsymbol{p}_{wn}^{\mathrm{T}}]^{\mathrm{T}},\boldsymbol{v}_w=[\boldsymbol{v}_{w1}^{\mathrm{T}},\boldsymbol{v}_{w2}^{\mathrm{T}},\cdots,\boldsymbol{v}_{wn}^{\mathrm{T}}]^{\mathrm{T}}$。

这样，双积分模型无人飞行器的队形形成控制问题可陈述如下：

在 d 维空间中 n 个双积分无人飞行器，假设无人飞行器之间的通信拓扑为弱刚性图 $G_w=(V,E_w)$。给定一个期望框架$(G_w,\boldsymbol{p}_w^*)$，其中 $\boldsymbol{p}_w^*\in\mathbf{R}^{nd}$，在测量(8－3)的基础上设计分布式控制律，使得系统在该分布式控制律的作用下 $E_{\boldsymbol{p}_w^*,\boldsymbol{v}_w^*}$ 渐近稳定。

8.2 单积分模型弱刚性编队生成控制器设计

8.2.1 基于距离的单积分模型弱刚性编队控制律设计

由于编队通信拓扑为弱刚性图 $G_w=(V,E_w)$，编队控制律需要考虑成对的相对位移的内积约束，所以刚性编队的梯度控制律无法直接应用到弱刚性编队中。本节设计了一个梯度控制律，具体如下。

定义一个局部梯度函数

$$\begin{aligned}&\phi_{wi}(\boldsymbol{p}_{wi}^{i},\cdots,\boldsymbol{p}_{wj}^{i},\cdots,\boldsymbol{p}_{wk}^{i},\cdots)=\\&k_{p_w}\sum_{(i,j,k)\in T_G^*}\gamma((\boldsymbol{p}_{wj}^{i}-\boldsymbol{p}_{wi}^{i})^{\mathrm{T}}(\boldsymbol{p}_{wk}^{i}-\boldsymbol{p}_{wi}^{i})-(\boldsymbol{p}_{wj}^{*}-\boldsymbol{p}_{wi}^{*})^{\mathrm{T}}(\boldsymbol{p}_{wk}^{*}-\boldsymbol{p}_{wi}^{*}))+\\&k_{p_w}\sum_{(j,i,k)\in T_G^*}\gamma((\boldsymbol{p}_{wi}^{i}-\boldsymbol{p}_{wj}^{i})^{\mathrm{T}}(\boldsymbol{p}_{wk}^{i}-\boldsymbol{p}_{wj}^{i})-(\boldsymbol{p}_{wi}^{*}-\boldsymbol{p}_{wj}^{*})^{\mathrm{T}}(\boldsymbol{p}_{wk}^{*}-\boldsymbol{p}_{wj}^{*}))\end{aligned}\tag{8-8}$$

式中，$k_{p_w}>0$，γ 是满足假设 6.1 的函数。

基于梯度函数 ϕ_{wi}，无人飞行器 i 的控制律可以被设计成

$$\begin{aligned}\boldsymbol{u}_{wi}^{i}&=-\nabla_{p_{wi}^{i}}\phi_{wi}(\boldsymbol{p}_{wi}^{i},\cdots,\boldsymbol{p}_{wj}^{i},\cdots,\boldsymbol{p}_{wk}^{i},\cdots)\\&=-\left[\frac{\partial\phi_{wi}(\boldsymbol{p}_{wi}^{i},\cdots,\boldsymbol{p}_{wj}^{i},\cdots,\boldsymbol{p}_{wk}^{i},\cdots)}{\partial\boldsymbol{p}_{wi}^{i}}\right]^{\mathrm{T}}\end{aligned}$$

$$
\begin{aligned}
&= -\left[k_{p_w}\left(\sum_{(i,j,k)\in T_G^*}\frac{\partial\gamma(\tilde{d}_{ijk})}{\partial\tilde{d}_{ijk}}\frac{\partial\tilde{d}_{ijk}}{\partial \boldsymbol{p}_{wi}^i}+\sum_{(j,i,k)\in T_G^*}\frac{\partial\gamma(\tilde{d}_{jik})}{\partial\tilde{d}_{jik}}\frac{\partial\tilde{d}_{jik}}{\partial \boldsymbol{p}_{wi}^i}\right)\right]^{\mathrm{T}} \\
&= k_p\left(\sum_{(i,j,k)\in T_G^*}\frac{\partial\gamma(\tilde{d}_{ijk})}{\partial\tilde{d}_{ijk}}(\boldsymbol{p}_{wj}^i+\boldsymbol{p}_{wk}^i)+\sum_{(j,i,k)\in T_G^*}\frac{\partial\gamma(\tilde{d}_{jik})}{\partial\tilde{d}_{jik}}(\boldsymbol{p}_{wj}^i-\boldsymbol{p}_{wk}^i)\right)
\end{aligned}
\tag{8-9}
$$

式中，

$$\tilde{d}_{ijk}=(\boldsymbol{p}_{wj}^i-\boldsymbol{p}_{wi}^i)^{\mathrm{T}}(\boldsymbol{p}_{wk}^i-\boldsymbol{p}_{wi}^i)-(\boldsymbol{p}_{wj}^*-\boldsymbol{p}_{wi}^*)^{\mathrm{T}}(\boldsymbol{p}_{wk}^*-\boldsymbol{p}_{wi}^*)$$

$$\tilde{d}_{ijk}=(\boldsymbol{p}_{wj}^i-\boldsymbol{p}_{wi}^i)^{\mathrm{T}}(\boldsymbol{p}_{wk}^i-\boldsymbol{p}_{wi}^i)-(\boldsymbol{p}_{wj}^*-\boldsymbol{p}_{wi}^*)^{\mathrm{T}}(\boldsymbol{p}_{wk}^*-\boldsymbol{p}_{wi}^*)$$

注意到局部梯度函数 ϕ_{wi} 中仅需要无人飞行器 i 与其邻居相对位置信息，因此基于梯度的控制律(8－9)是分布式的。

$$\boldsymbol{p}_{wj}-\boldsymbol{p}_{wi}=[I_d]_g^{\mathrm{local}(i)}\boldsymbol{p}_{wj}^i \tag{8-10}$$

$$\boldsymbol{u}_{wi}=[I_d]_g^{\mathrm{local}(i)}\boldsymbol{u}_{wi}^i \tag{8-11}$$

$$
\begin{aligned}
\tilde{d}_{ijk}&=(\boldsymbol{p}_{wj}^i-\boldsymbol{p}_{wi}^i)^{\mathrm{T}}(\boldsymbol{p}_{wk}^i-\boldsymbol{p}_{wi}^i)-(\boldsymbol{p}_{wj}^*-\boldsymbol{p}_{wi}^*)^{\mathrm{T}}(\boldsymbol{p}_{wk}^*-\boldsymbol{p}_{wi}^*) \\
&\equiv(\boldsymbol{p}_{wj}-\boldsymbol{p}_{wi})^{\mathrm{T}}(\boldsymbol{p}_{wk}-\boldsymbol{p}_{wi})-(\boldsymbol{p}_{wj}^*-\boldsymbol{p}_{wi}^*)^{\mathrm{T}}(\boldsymbol{p}_{wk}^*-\boldsymbol{p}_{wi}^*)
\end{aligned}
\tag{8-12}
$$

$$
\begin{aligned}
\tilde{d}_{jik}&=(\boldsymbol{p}_{wi}^i-\boldsymbol{p}_{wj}^i)^{\mathrm{T}}(\boldsymbol{p}_{wk}^i-\boldsymbol{p}_{wj}^i)-(\boldsymbol{p}_{wi}^*-\boldsymbol{p}_{wj}^*)^{\mathrm{T}}(\boldsymbol{p}_{wk}^*-\boldsymbol{p}_{wj}^*) \\
&\equiv(\boldsymbol{p}_{wi}-\boldsymbol{p}_{wj})^{\mathrm{T}}(\boldsymbol{p}_{wk}-\boldsymbol{p}_{wj})-(\boldsymbol{p}_{wi}^*-\boldsymbol{p}_{wj}^*)^{\mathrm{T}}(\boldsymbol{p}_{wk}^*-\boldsymbol{p}_{wj}^*)
\end{aligned}
\tag{8-13}
$$

根据式(8－10)～式(8－13)，基于梯度的控制律式(8－9)可以写成

$$
\begin{aligned}
\boldsymbol{u}_{wi}&=[I_d]_g^{\mathrm{local}(i)}\boldsymbol{u}_{wi}^i \\
&=[I_d]_g^{\mathrm{local}(i)}k_{p_w}\left(\sum_{(i,j,k)\in T_G^*}\frac{\partial\gamma(\tilde{d}_{ijk})}{\partial\tilde{d}_{ijk}}(\boldsymbol{p}_{wj}^i+\boldsymbol{p}_{wk}^i)+\sum_{(j,i,k)\in T_G^*}\frac{\partial\gamma(\tilde{d}_{jik})}{\partial\tilde{d}_{jik}}(\boldsymbol{p}_{wk}^i-\boldsymbol{p}_{wj}^i)\right) \\
&=k_{p_w}\left(\sum_{(i,j,k)\in T_G^*}\frac{\partial\gamma(\tilde{d}_{ijk})}{\partial\tilde{d}_{ijk}}(\boldsymbol{p}_{wj}+\boldsymbol{p}_{wk}-2\boldsymbol{p}_{wi})+\sum_{(j,i,k)\in T_G^*}\frac{\partial\gamma(\tilde{d}_{jik})}{\partial\tilde{d}_{jik}}(\boldsymbol{p}_{wj}-\boldsymbol{p}_{wk})\right)
\end{aligned}
\tag{8-14}
$$

式(8－14)可以简写为

$$\boldsymbol{u}_{wi}=-\nabla_{p_{wi}}\phi_{wi}(\boldsymbol{p}_{wi},\cdots,\boldsymbol{p}_{wj},\cdots,\boldsymbol{p}_{wk}) \tag{8-15}$$

8.2.2 稳定性分析

定义集合 $E'_{p_w^*}$，集合 T_G^* 对应于弱刚性图 $G_w=(V,E_w)$：

$$E'_{p_w^*}=\left\{\begin{array}{l}\boldsymbol{p}_w\in\mathbf{R}^{nd}:(\boldsymbol{p}_{wj}-\boldsymbol{p}_{wi})^{\mathrm{T}}(\boldsymbol{p}_{wk}-\boldsymbol{p}_{wi})= \\ (\boldsymbol{p}_{wj}^*-\boldsymbol{p}_{wi}^*)^{\mathrm{T}}(\boldsymbol{p}_{wk}^*-\boldsymbol{p}_{wi}^*),\ \forall(i,j,k)\in T_G^*\end{array}\right\} \tag{8-16}$$

由于集合 T_G^* 对应于弱刚性图 $G_w=(V,E_w)$，所以只要证明集合 $E'_{p_w^*}$ 是局部渐

近稳定的，就能保证集合 $E_{p_w^*}$ 是局部渐近稳定的。

定义一个全局性的梯度函数

$$\phi_w(\boldsymbol{p}_w)=k_{p_w}\sum_{(i,j,k)\in T_G^*}\gamma((\boldsymbol{p}_{wj}-\boldsymbol{p}_{wi})^{\mathrm{T}}(\boldsymbol{p}_{wk}-\boldsymbol{p}_{wi})-(\boldsymbol{p}_{wj}^*-\boldsymbol{p}_{wi}^*)^{\mathrm{T}}(\boldsymbol{p}_{wk}^*-\boldsymbol{p}_{wi}^*)) \tag{8-17}$$

由于 $\boldsymbol{u}_{wi}=\nabla_{p_{wi}}\phi_{wi}(\boldsymbol{p}_{wi},\cdots,\boldsymbol{p}_{wj},\cdots,\boldsymbol{p}_{wk},\cdots)\equiv\nabla_{\boldsymbol{p}_{wi}}\phi(\boldsymbol{p})$，根据无人飞行器的梯度控制律(8—15)，多无人飞行器的运动学可被描述为梯度系统

$$\dot{\boldsymbol{p}}_w=-\nabla\phi_w(\boldsymbol{p}_w) \tag{8-18}$$

集合 E'_{p^*} 的非紧性使得稳定性分析十分复杂。为了减少复杂性，通过相对位移来描述动态系统，由 $\boldsymbol{e}_w=(\cdots,\boldsymbol{e}_{ij}^{\mathrm{T}},\cdots)^{\mathrm{T}},(i,j)\in E_w$ 有

$$\boldsymbol{e}_w=(\boldsymbol{H}_w^{\mathrm{T}}\otimes\boldsymbol{I}_d)\boldsymbol{p}_w \tag{8-19}$$

式中，$\boldsymbol{H}_w$ 表示图 G_w 的关联矩阵。

由式(8-19)易知，$\boldsymbol{e}_w$ 属于 $\boldsymbol{H}_w\otimes\boldsymbol{I}_n$ 的列空间，即 $\boldsymbol{e}_w\in\mathrm{Im}(\boldsymbol{H}_w\otimes\boldsymbol{I}_n)$，$\mathrm{Im}(\boldsymbol{H}_w\otimes\boldsymbol{I}_n)$表示弱刚性图 G_w 连接空间，定义

$$\upsilon_{G_w}(\boldsymbol{e}_w)=[\cdots,\boldsymbol{e}_{ij}^{\mathrm{T}}\boldsymbol{e}_{ik},\cdots]^{\mathrm{T}},\qquad (i,j,k)\in T_G^*$$

则有

$$r_{G_w}(\boldsymbol{p}_w)=\upsilon_{G_w}(\boldsymbol{e}_w)=\upsilon_{G_w}((\boldsymbol{H}_w^{\mathrm{T}}\otimes\boldsymbol{I}_d)\boldsymbol{p}_w)$$

由 $R_{e_w}=\dfrac{\partial\upsilon_{G_w}(\boldsymbol{e}_w)}{\partial\boldsymbol{e}_w}$，可以得到

$$\frac{\partial r_{G_w}(\boldsymbol{p}_w)}{\partial\boldsymbol{p}_w}=\frac{\partial\upsilon_{G_w}(\boldsymbol{e}_w)}{\partial\boldsymbol{e}_w}\frac{\partial\boldsymbol{e}_w}{\partial\boldsymbol{p}_w}=R_{e_w}(\boldsymbol{H}_w^{\mathrm{T}}\otimes\boldsymbol{I}_d) \tag{8-20}$$

由式(8-20)可以推出

$$\begin{aligned}\dot{\boldsymbol{p}}_w&=-\nabla\phi(\boldsymbol{p}_w)=-\left[\frac{\partial\phi(\boldsymbol{p}_w)}{\partial\boldsymbol{p}_w}\right]^{\mathrm{T}}=-\left[\frac{\partial\phi(\boldsymbol{p}_w)}{\partial\tilde{d}_w}\frac{\partial\tilde{d}_w}{\partial\boldsymbol{p}_w}\right]^{\mathrm{T}}\\&=-\left[\frac{\partial\phi(\boldsymbol{p}_w)}{\partial\tilde{d}_w}\frac{\partial r_{G_w}(\boldsymbol{p}_w)}{\partial\boldsymbol{p}_w}\right]^{\mathrm{T}}=-k_{p_w}(\boldsymbol{H}_w\otimes\boldsymbol{I}_d)[\boldsymbol{R}_{e_w}]^{\mathrm{T}}\Gamma(\tilde{d}_w)\end{aligned} \tag{8-21}$$

式中，$\tilde{d}_w=[\cdots,\boldsymbol{e}_{ij}^{\mathrm{T}}\boldsymbol{e}_{ik}-\boldsymbol{e}_{ij}^{*\mathrm{T}}\boldsymbol{e}_{ik}^*,\cdots]^{\mathrm{T}},(i,j,k)\in T_G^*$，$\boldsymbol{e}_w^*=(\cdots,\boldsymbol{e}_w^{*\mathrm{T}},\cdots)^{\mathrm{T}}=(\boldsymbol{H}_w^{\mathrm{T}}\otimes\boldsymbol{I}_d)\boldsymbol{p}_w^*$，$\Gamma(\tilde{d}_w)=\left[\dfrac{\partial\gamma(\tilde{d}_{w1})}{\partial\tilde{d}_{w1}}\cdots\dfrac{\partial\gamma(\tilde{d}_{wm})}{\partial\tilde{d}_{wm}}\right]^{\mathrm{T}}$。

梯度系统(8-18)在连接空间可以表示为

$$\begin{aligned}\dot{\boldsymbol{e}}_w &= (\boldsymbol{H}_w^{\mathrm{T}} \otimes \boldsymbol{I}_d)\dot{\boldsymbol{p}}_w \\ &= -k_{p_w}(\boldsymbol{H}_w^{\mathrm{T}} \otimes \boldsymbol{I}_d)(\boldsymbol{H}_w \otimes \boldsymbol{I}_d)[\boldsymbol{R}_{e_w}]^{\mathrm{T}}\Gamma(\tilde{d}_w)\end{aligned} \tag{8-22}$$

集合 $E'_{p_w^*}$ 在连接空间可以表示为

$$E_{e_w^*} = \{\boldsymbol{e}_w \in \mathrm{Im}(\boldsymbol{H}_w^{\mathrm{T}} \otimes \boldsymbol{I}_d) : \boldsymbol{e}_{ij}^{\mathrm{T}}\boldsymbol{e}_{ik} = \boldsymbol{e}_{ij}^{*\mathrm{T}}\boldsymbol{e}_{ik}^*, i,j,k \in T_G^*\} \tag{8-23}$$

集合 $E_{e_w^*}$ 是紧集，相比于非紧集 $E'_{p_w^*}$ 稳定性分析要简单很多。

定义李雅谱诺夫函数

$$V(\boldsymbol{e}_w) = \sum_{i=1}^{n}\gamma(e_{ij}^{\mathrm{T}}e_{ik} - e_{ij}^{*\mathrm{T}}e_{ik}^*), \quad (i,j,k) \in T_G^* \tag{8-24}$$

$$\frac{\partial V(\boldsymbol{e}_w)}{\partial \boldsymbol{e}_w} = [\Gamma(\tilde{d}_w)]^{\mathrm{T}} \frac{\partial v_{G_w}(\boldsymbol{e}_w)}{\partial \boldsymbol{e}_w} = [\Gamma(\tilde{d}_w)]^{\mathrm{T}}\boldsymbol{R}_{e_w} \tag{8-25}$$

由式(8-21)、式(8-22)和式(8-25)可知，式(8-24)对时间求导得

$$\begin{aligned}\dot{V}(\boldsymbol{e}_w) &= \frac{\partial V(\boldsymbol{e}_w)}{\partial \boldsymbol{e}_w}\dot{\boldsymbol{e}}_w \\ &= -k_{p_w}\frac{\partial V(\boldsymbol{e}_w)}{\partial \boldsymbol{e}_w}(\boldsymbol{H}_w^{\mathrm{T}} \otimes \boldsymbol{I}_d)(\boldsymbol{H}_w \otimes \boldsymbol{I}_d)[R_{e_w}]^{\mathrm{T}}\Gamma(\tilde{d}_w) \\ &= -k_{p_w}[\Gamma(\tilde{d}_w)]^{\mathrm{T}}\boldsymbol{R}_{e_w}(\boldsymbol{H}_w \otimes \boldsymbol{I}_d)^{\mathrm{T}}(\boldsymbol{H}_w \otimes \boldsymbol{I}_d)[R_{e_w}]^{\mathrm{T}}\Gamma(\tilde{d}_w) \\ &= -k_{p_w}\|\nabla\phi_w(\boldsymbol{p}_w)\|^2 \leqslant 0\end{aligned} \tag{8-26}$$

因此，集合 $E_{e_w^*}$ 是局部稳定的。要保证集合 $E_{e_w^*}$ 是局部渐近稳定的，需要找到集合 $E_{e_w^*}$ 的邻域 $U_{E_{e_w^*}}$ 使得 $\forall\, \boldsymbol{e}_w \in U_{E_{e_w^*}}, \boldsymbol{e}_w \notin E_{e_w^*}$ 有 $\dot{V}(\boldsymbol{e}_w) < 0$。

定义 8.1　假设函数 $f: D \subseteq R^{n_f} \to R$ 在 $z \in D$ 的邻域内是解析的，则在 z 的某些邻域内存在常量 $k_f > 0$ 和 $\rho_f \in [0,1)$ 使得

$$\|\nabla f(x)\| \geqslant k_f \|f(x) - f(z)\|^{\rho_f} \tag{8-27}$$

由定义 8.1 可以得到推论 8.1。

推论 8.1　对 $\forall\, \bar{\boldsymbol{p}}_w \in E'_{p_w^*}$，存在一个邻域 $U_{\bar{p}_w}$，使得 $\forall\, \boldsymbol{p}_w \in U_{\bar{p}_w}, \boldsymbol{p}_w \notin E'_{p_w^*}$，有 $\|\nabla\phi_w(\boldsymbol{p}_w)\| > 0$。

证明：由于函数 γ 是解析的，对 $\forall\, \bar{\boldsymbol{p}}_w \in E'_{p_w^*}$，存在邻域 $U_{\bar{p}_w}$ 使得梯度函数 ϕ_w 在该邻域内是解析的。由定义 8.1 可知，对 $\forall\, \boldsymbol{p}_w \in U_{\bar{p}_w}$，存在常量 $k_\phi > 0$ 和 $\rho_\phi \in [0,1)$ 使得

$$\|\nabla\phi_w(\boldsymbol{p}_w)\| \geqslant k_{\phi_w}\|\phi_w(\boldsymbol{p}_w) - \phi_w(\bar{\boldsymbol{p}}_w)\|^{\rho_\phi} = k_\phi\|\phi_w(\boldsymbol{p}_w)\|^{\rho_\phi} \tag{8-28}$$

由函数 γ 的正定性可知，当且仅当 $\boldsymbol{p}_w \in E'_{p_w^*}$ 时 $\phi_w(\boldsymbol{p}_w) = 0$，因此对 $\forall\, \boldsymbol{p}_w \in U_{\bar{p}_w}, \boldsymbol{p}_w \notin E'_{p_w^*}$ 有 $\|\nabla\phi_w(\boldsymbol{p}_w)\| > 0$。

在推论 8.1 的基础上可以得到集合 $E'_{p_w^*}$ 是局部渐近稳定的。

推论 8.2 对于系统，集合 $E'_{p_w^*}$ 是局部渐近稳定的。

证明： 要使推论成立，只要证明对于系统(8-22)，集合 $E_{e_w^*}$ 是局部渐近稳定的。令 $\bar{\boldsymbol{p}}_w \in E'_{p_w^*}$，$U_{\bar{p}_w}$ 是 $\bar{\boldsymbol{p}}_w$ 的邻域，取 $r_{p_w}^* > 0$ 得到集合

$$\{\boldsymbol{p}_w \in \mathbf{R}^{nd} : \| \boldsymbol{p}_w - \bar{\boldsymbol{p}}_w \| < r_{p_w}^*\} \subseteq U_{\bar{p}_w} \tag{8-29}$$

定义集合 $E_{e_w^*}$ 的邻域 $U_{E_{e_w^*}}$

$$U_{E_{e_w^*}} = \{\boldsymbol{e}_w \in (\boldsymbol{H}_w^{\mathrm{T}} \otimes \boldsymbol{I}_n) : \inf_{\eta \in E_{e_w^*}} \| \boldsymbol{e}_w - \eta \| < r_{e_w}^*\} \tag{8-30}$$

式中，$r_{e_w}^* = \sigma_{\min}(\boldsymbol{H}_w^{\mathrm{T}} \otimes \boldsymbol{I}_n) r_{p_w}^*$，$\sigma_{\min}(\boldsymbol{H}_w^{\mathrm{T}} \otimes \boldsymbol{I}_n)$ 表示矩阵 $(\boldsymbol{H}_w^{\mathrm{T}} \otimes \boldsymbol{I}_n)$ 最小非零奇异值。由于集合 $E_{e_w^*}$ 是紧集，所以函数 $\| \boldsymbol{e}_w - \eta \|$ 是关于 η 的连续函数。因此对 $\forall \boldsymbol{e}_w \in U_{E_{e_w^*}}$，存在 $\bar{\boldsymbol{e}}_w \in E_{e_w^*}$ 使得

$$\inf_{\eta \in E_{e_w^*}} \| \boldsymbol{e}_w - \eta \| = \| \boldsymbol{e}_w - \bar{\boldsymbol{e}}_w \| < r_{e_w}^* \tag{8-31}$$

由于 $(\boldsymbol{e}_w - \bar{\boldsymbol{e}}_w) \in \mathrm{Im}(\boldsymbol{H}_w^{\mathrm{T}} \otimes \boldsymbol{I}_n)$，所以存在 $\boldsymbol{p}_w \in \mathbf{R}^{nd}$ 和 $\bar{\boldsymbol{p}}_w \in E'_{p_w^*}$，使得 $(\boldsymbol{H}_w^{\mathrm{T}} \otimes \boldsymbol{I}_n)(\boldsymbol{p}_w - \bar{\boldsymbol{p}}_w) = (\boldsymbol{e}_w - \bar{\boldsymbol{e}}_w)$，可以得到

$$\sigma_{\min}(\boldsymbol{H}_w^{\mathrm{T}} \otimes \boldsymbol{I}_n) \| \boldsymbol{p}_w - \bar{\boldsymbol{p}}_w \| \leqslant \| (\boldsymbol{H}_w^{\mathrm{T}} \otimes \boldsymbol{I}_n)(\boldsymbol{p}_w - \bar{\boldsymbol{p}}_w) \| = \| \boldsymbol{e}_w - \bar{\boldsymbol{e}}_w \| \tag{8-32}$$

$$\| \boldsymbol{p}_w - \bar{\boldsymbol{p}}_w \| \leqslant \frac{\| \boldsymbol{e}_w - \bar{\boldsymbol{e}}_w \|}{\sigma_{\min}(\boldsymbol{H}_w^{\mathrm{T}} \otimes \boldsymbol{I}_n)} < \frac{r_{e_w}^*}{\sigma_{\min}(\boldsymbol{H}_w^{\mathrm{T}} \otimes \boldsymbol{I}_n)} = r_{p_w}^* \tag{8-33}$$

根据式(8-33)得到 $\boldsymbol{p}_w \in U_{\bar{p}_w}$。又由推论 8.1 有，对 $\forall \bar{\boldsymbol{p}}_w \in E'_{p_w^*}$，存在 $\bar{\boldsymbol{p}}_w$ 的邻域 $U_{\bar{p}_w}$，对 $\forall \boldsymbol{p}_w \in U_{\bar{p}_w}$，$\boldsymbol{p}_w \notin E'_{p_w^*}$ 有 $\| \nabla \phi_w(\boldsymbol{p}_w) \| > 0$。所以，对，$\forall \boldsymbol{e}_w \in U_{E_{e_w^*}}$，$\boldsymbol{e}_w \notin E_{e_w^*}$ 有

$$\dot{V}(\boldsymbol{e}_w) = -k_{p_w} \| \nabla \phi_w(\boldsymbol{p}_w) \|^2 < 0 \tag{8-34}$$

因此，对于系统(8-22)，集合 $E_{e_w^*}$ 是局部渐近稳定的，所以对于系统(8-18)，集合 E'_{p^*} 是局部渐近稳定的。

8.3 双积分模型弱刚性编队生成控制器设计

8.3.1 基于距离的双积分模型弱刚性编队控制律设计

编队通信拓扑为弱刚性图 $G_w = (V, E_w)$，因此编队控制律需要考虑成对的相对位移的内积约束。本节设计了一个类梯度控制律。

定义一个局部类梯度函数

$$
\begin{aligned}
&\psi_{wi}(\boldsymbol{p}_{wi}^{i},\cdots,\boldsymbol{p}_{wj}^{i},\cdots,\boldsymbol{p}_{wk}^{i},\cdots\boldsymbol{v}_{wi}^{i})=\\
&\frac{1}{2}\|\boldsymbol{v}_{wi}^{i}\|^{2}+\\
&k_{p_w}\sum_{(i,j,k)\in T_G^*}\gamma((\boldsymbol{p}_{wj}^{i}-\boldsymbol{p}_{wi}^{i})^{\mathrm{T}}(\boldsymbol{p}_{wk}^{i}-\boldsymbol{p}_{wi}^{i})-(\boldsymbol{p}_{wj}^{*}-\boldsymbol{p}_{wi}^{*})^{\mathrm{T}}(\boldsymbol{p}_{wk}^{*}-\boldsymbol{p}_{wi}^{*}))+\\
&k_{p_w}\sum_{(j,i,k)\in T_G^*}\gamma((\boldsymbol{p}_{wi}^{i}-\boldsymbol{p}_{wj}^{i})^{\mathrm{T}}(\boldsymbol{p}_{wk}^{i}-\boldsymbol{p}_{wj}^{i})-(\boldsymbol{p}_{wi}^{*}-\boldsymbol{p}_{wj}^{*})^{\mathrm{T}}(\boldsymbol{p}_{wk}^{*}-\boldsymbol{p}_{wj}^{*}))
\end{aligned}
\tag{8-35}
$$

式中，$k_{p_w}>0$，$k_{v_w}>0$，γ 是满足假设 6.1 的函数。

基于函数 ψ_i，无人飞行器 i 的控制律可以被设计成

$$
\begin{aligned}
\boldsymbol{u}_{i}^{i}=&-\nabla_{\boldsymbol{p}_{i}^{i}}\psi_{wi}(\boldsymbol{p}_{wi}^{i},\cdots,\boldsymbol{p}_{wj}^{i},\cdots,\boldsymbol{p}_{wk}^{i},\cdots\boldsymbol{v}_{wi}^{i})-\\
&k_{v_w}\nabla_{\boldsymbol{v}_{wi}^{i}}\psi_{wi}(\boldsymbol{p}_{wi}^{i},\cdots,\boldsymbol{p}_{wj}^{i},\cdots,\boldsymbol{p}_{wk}^{i},\cdots\boldsymbol{v}_{wi}^{i})
\end{aligned}
\tag{8-36}
$$

$$
\begin{aligned}
&\nabla_{\boldsymbol{p}_{wi}^{i}}\psi_{wi}(\boldsymbol{p}_{wi}^{i},\cdots,\boldsymbol{p}_{wj}^{i},\cdots,\boldsymbol{p}_{wk}^{i},\cdots\boldsymbol{v}_{wi}^{i})=\left[\frac{\partial\psi_{wi}(\boldsymbol{p}_{wi}^{i},\cdots,\boldsymbol{p}_{wj}^{i},\cdots,\boldsymbol{p}_{wk}^{i},\cdots\boldsymbol{v}_{wi}^{i})}{\partial\boldsymbol{p}_{wi}^{i}}\right]^{\mathrm{T}}=\\
&\left[k_{p_w}\left(\sum_{(i,j,k)\in T_G^*}\frac{\partial\gamma(\tilde{d}_{ijk})}{\partial\tilde{d}_{ijk}}\frac{\partial\tilde{d}_{ijk}}{\partial\boldsymbol{p}_{wi}^{i}}+\sum_{(j,i,k)\in T_G^*}\frac{\partial\gamma(\tilde{d}_{jik})}{\partial\tilde{d}_{jik}}\frac{\partial\tilde{d}_{jik}}{\partial\boldsymbol{p}_{wi}^{i}}\right)\right]^{\mathrm{T}}=\\
&-k_{p_w}\left(\sum_{(i,j,k)\in T_G^*}\frac{\partial\gamma(\tilde{d}_{ijk})}{\partial\tilde{d}_{ijk}}(\boldsymbol{p}_{wj}^{i}+\boldsymbol{p}_{wk}^{i})+\sum_{(j,i,k)\in T_G^*}\frac{\partial\gamma(\tilde{d}_{jik})}{\partial\tilde{d}_{jik}}(\boldsymbol{p}_{wk}^{i}-\boldsymbol{p}_{wj}^{i})\right)
\end{aligned}
\tag{8-37}
$$

$$
\nabla_{\boldsymbol{v}_{wi}^{i}}\psi_{wi}(\boldsymbol{p}_{wi}^{i},\cdots,\boldsymbol{p}_{wj}^{i},\cdots,\boldsymbol{p}_{wk}^{i},\cdots\boldsymbol{v}_{wi}^{i})=\boldsymbol{v}_{wi}^{i}
\tag{8-38}
$$

式中，

$$
\begin{aligned}
\tilde{d}_{ijk}&=(\boldsymbol{p}_{wj}^{i}-\boldsymbol{p}_{wi}^{i})^{\mathrm{T}}(\boldsymbol{p}_{wk}^{i}-\boldsymbol{p}_{wi}^{i})-(\boldsymbol{p}_{wj}^{*}-\boldsymbol{p}_{wi}^{*})^{\mathrm{T}}(\boldsymbol{p}_{wk}^{*}-\boldsymbol{p}_{wi}^{*})\\
\tilde{d}_{jik}&=(\boldsymbol{p}_{wi}^{i}-\boldsymbol{p}_{wj}^{i})^{\mathrm{T}}(\boldsymbol{p}_{wk}^{i}-\boldsymbol{p}_{wj}^{i})-(\boldsymbol{p}_{wi}^{*}-\boldsymbol{p}_{wj}^{*})^{\mathrm{T}}(\boldsymbol{p}_{wk}^{*}-\boldsymbol{p}_{wj}^{*})
\end{aligned}
$$

注意到局部类梯度函数 ψ_{wi} 中仅需要无人飞行器 i 的速度和无人飞行器 i 与其邻居相对位置信息，因此基于梯度的控制律(8-36)是分布式的。

根据式(8-10)～式(8-13)，控制律(8-36)可以写为

$$
\begin{aligned}
\boldsymbol{u}_{wi}&=[I_d]_{g}^{\mathrm{local}(i)}\boldsymbol{u}_{wi}^{i}\\
&=[I_d]_{g}^{\mathrm{local}(i)}\left[-k_{v_w}\boldsymbol{v}_{wi}^{i}+k_{p_w}\left(\sum_{(i,j,k)\in T_G^*}\frac{\partial\gamma(\tilde{d}_{ijk})}{\partial\tilde{d}_{ijk}}(\boldsymbol{p}_{wj}^{i}+\boldsymbol{p}_{wk}^{i})+\right.\right.\\
&\qquad\left.\left.\sum_{(j,i,k)\in T_G^*}\frac{\partial\gamma(\tilde{d}_{jik})}{\partial\tilde{d}_{jik}}(\boldsymbol{p}_{wk}^{i}-\boldsymbol{p}_{wj}^{i})\right)\right]
\end{aligned}
$$

$$= -k_{v_w}\boldsymbol{v}_{wi} + k_{p_w}\left(\sum_{(i,j,k)\in T_G^*}\frac{\partial\gamma(\tilde{d}_{ijk})}{\partial\tilde{d}_{ijk}}(\boldsymbol{p}_{wj}+\boldsymbol{p}_{wk}-2\boldsymbol{p}_{wi}) + \sum_{(j,i,k)\in T_G^*}\frac{\partial\gamma(\tilde{d}_{jik})}{\partial\tilde{d}_{jik}}(\boldsymbol{p}_{wj}-\boldsymbol{p}_{wk})\right) \tag{8-39}$$

式(8－39)可以简写为

$$\boldsymbol{u}_{wi} = -\nabla_{\boldsymbol{p}_{wi}}\psi_{wi}(\boldsymbol{p}_{wi},\cdots,\boldsymbol{p}_{wj},\cdots,\boldsymbol{p}_{wk},\cdots\boldsymbol{v}_{wi}) - k_{v_w}\nabla_{\boldsymbol{v}_{wi}}\psi_{wi}(\boldsymbol{p}_{wi},\cdots,\boldsymbol{p}_{wj},\cdots,\boldsymbol{p}_{wk},\cdots\boldsymbol{v}_{wi}) \tag{8-40}$$

8.3.2 稳定性分析

定义一个全局性类梯度的函数

$$\psi_w(\boldsymbol{p}_w,\boldsymbol{v}_w) = \sum_{i\in V}\frac{1}{2}\|\boldsymbol{v}_{wi}\|^2 + k_{p_w}\sum_{(i,j,k)\in T_G^*}\gamma((\boldsymbol{p}_{wj}-\boldsymbol{p}_{wi})^{\mathrm{T}}(\boldsymbol{p}_{wk}-\boldsymbol{p}_{wi}) - (\boldsymbol{p}_{wj}^*-\boldsymbol{p}_{wi}^*)^{\mathrm{T}}(\boldsymbol{p}_{wk}^*-\boldsymbol{p}_{wi}^*)) \tag{8-41}$$

多无人飞行器的运动学可被描述为一个哈密顿系统：

$$\begin{cases}\dot{\boldsymbol{p}}_w = \boldsymbol{v}_w = \nabla_{\boldsymbol{v}_w}\psi_w \\ \dot{\boldsymbol{v}}_w = \boldsymbol{u}_w = -k_{v_w}\nabla_{\boldsymbol{v}_w}\psi_w - \nabla_{\boldsymbol{p}_w}\psi_w\end{cases} \tag{8-42}$$

结合哈密顿系统(8－42)和梯度系统，考虑单参数的系统

$$\begin{bmatrix}\dot{\boldsymbol{p}}_w \\ \dot{\boldsymbol{v}}_w\end{bmatrix} = \left((1-\lambda_w)\begin{bmatrix}0 & \boldsymbol{I}_{dn_w} \\ -\boldsymbol{I}_{dn_w} & 0\end{bmatrix} - \begin{bmatrix}-\lambda_w\boldsymbol{I}_{dn} & 0 \\ 0 & k_{v_w}\lambda_w\boldsymbol{I}_{dn_w}\end{bmatrix}\right)\begin{bmatrix}\nabla_{\boldsymbol{p}_w}\psi_w \\ \nabla_{\boldsymbol{v}_w}\psi_w\end{bmatrix}$$
$$= -\begin{bmatrix}\lambda_w\boldsymbol{I}_{dn_w} & -(1-\lambda_w)\boldsymbol{I}_{dn_w} \\ (1-\lambda_w)\boldsymbol{I}_{dn_w} & k_{v_w}\boldsymbol{I}_{dn_w}\end{bmatrix}\begin{bmatrix}\nabla_{\boldsymbol{p}_w}\psi_w \\ \nabla_{\boldsymbol{v}_w}\psi_w\end{bmatrix} \tag{8-43}$$

式中，$\lambda_w\in[0,1]$。

参数化系统(8－43)通过凸组合在哈密顿系统(8－42)和梯度系统之间连续变化，当$\lambda_w=0$时，参数化系统(8－43)变化为哈密顿系统(8－42)，当$\lambda_w=1$时，参数化系统(8－43)变化为梯度系统

$$\begin{cases}\dot{\boldsymbol{p}}_w = -\nabla_{\boldsymbol{p}_w}\psi_w \\ \dot{\boldsymbol{v}}_w = -k_{v_w}\nabla_{\boldsymbol{v}_w}\psi_w\end{cases} \tag{8-44}$$

引理6.1表明，可以通过研究梯度系统(8－44)的局部稳定性来研究哈密顿系统(8－42)的局部稳定性；又由于梯度系统(8－44)的子系统$\dot{\boldsymbol{p}}_w=-\nabla_{\boldsymbol{p}_w}\psi_w$和$\dot{\boldsymbol{v}}_w=-k_{v_w}\nabla_{\boldsymbol{v}_w}\psi_w$是解耦的，所以可以通过研究梯度系统(8－44)的两个子系统的局部稳

定性来研究梯度系统(8－44)的局部稳定性。子系统 $\dot{\boldsymbol{v}}_w=-k_{v_w}\nabla_{v_w}\psi_w$ 是全局稳定的,只要证明子系统 $\dot{\boldsymbol{p}}_w=-\nabla_{p_w}\psi_w$ 是局部稳定的,就能保证哈密顿系统(8－42)是局部稳定的。由 8.4.2 节可知系统 $\dot{\boldsymbol{p}}_w=-\nabla_{p_w}\psi_w$ 是局部稳定,故哈密顿系统(8－42)是局部稳定的。所以,对于系统(8－42),集合 $E_{p_w^*,v_w^*}$ 是局部渐近稳定的。

8.4 动态拓扑切换时弱刚性编队重构控制

8.4.1 单积分模型弱刚性编队重构控制律设计

弱刚性编队重构控制律设计过程与刚性编队重构控制律设计类似,使用 $h(t)$ 作为缓冲函数,缓冲控制输入设计为

$$\boldsymbol{u}_{dwi}^*=\boldsymbol{u}_{dw0}+h(t)(\boldsymbol{u}_{dwi}-\boldsymbol{u}_{dw0}),\quad T_{dw0}<t<T_{dw0}+\Delta T_{dw} \tag{8-45}$$

式中,$\boldsymbol{u}_{dw0}$ 表示编队队形切换前无人飞行器 i 的输入,$\boldsymbol{u}_{dwi}$ 表示编队队形切换后按照式(8－15)计算编队队形改变后的无人飞行器 i 的输入,$\boldsymbol{u}_{dwi}^*$ 表示无人飞行器 i 的实际输入,T_{dw0} 表示队形重构发生的时刻,ΔT_{dw} 表示缓冲函数 $h(t)$ 作用时间。

考虑缓冲控制输入,则无人飞行器 i 在整个拓扑动态切换过程中的控制输入为

$$\boldsymbol{u}_{dwi}^*=\begin{cases}\boldsymbol{u}_{dw0}+h(t)(\boldsymbol{u}_{dwi}-\boldsymbol{u}_{dw0}), & T_{dw0}<t<T_{dw0}+\Delta T_{dw}\\ \boldsymbol{u}_{dwi}, & T_{dw0}+\Delta T_{dw}\leqslant t\end{cases} \tag{8-46}$$

推论 8.3 在控制输入 $\boldsymbol{u}_{dwi}^*$ 的作用下,多无人飞行器系统的编队队形进行动态切换,最终形成切换后的编队队形。

证明:当控制输入为 $\boldsymbol{u}_{dwi}$ 时,由 8.2 节和 8.3 节可知,多无人飞行器系统最终能形成切换后的通信拓扑,故只需要证明在缓冲函数作用时间内无人飞行器运动距离有限。当 $t\in(T_{dw0},T_{dw0}+\Delta T_{dw})$ 时,有

$$\begin{aligned}\boldsymbol{u}_{dwi}^*&=\boldsymbol{u}_{dw0}+h(t)(\boldsymbol{u}_{dwi}-\boldsymbol{u}_{dw0})\\&=\boldsymbol{u}_{dw0}+\left(\mathrm{e}^{\frac{t-T_{dw0}}{t-T_{dw0}+\Delta T_{dw}}}-1\right)(\boldsymbol{u}_{dwi}-\boldsymbol{u}_{dw0})\end{aligned} \tag{8-47}$$

由于缓冲函数 $h(t)$ 是单调增加并且有界的函数,有

$$h(t)\leqslant e-1 \tag{8-48}$$

由式(8－39)和式(8－40)可知

$$\begin{aligned}\boldsymbol{u}_{dwi}^*&\leqslant\boldsymbol{u}_{dw0}+(e-1)(\boldsymbol{u}_{dwi}-\boldsymbol{u}_{dw0})\\&=(e-1)\boldsymbol{u}_{dwi}+(2-e)\boldsymbol{u}_{dw0}\end{aligned} \tag{8-49}$$

由式(6－41)可知

$$\int_{T_{dw0}}^{T_{dw0}+\Delta T_{dw}} \boldsymbol{u}_{dwi}^{*} \mathrm{d}t \leqslant \int_{T_{dw0}}^{T_{dw0}+\Delta T_{dw}} (e-1)\boldsymbol{u}_{dwi} + (2-e)\boldsymbol{u}_{dw0} \mathrm{d}t \tag{8-50}$$

易知 $\boldsymbol{u}_{dw0}$ 和 $\boldsymbol{u}_{dwi}$ 都是有限的控制输入，因此在控制输入 $\boldsymbol{u}_{dwi}^{*}$ 的作用下，无人飞行器在时间区间 $t \in (T_{dw0}, T_{dw0} + \Delta T_{dw})$ 内运动距离有限。推论成立。

8.4.2　双积分模型弱刚性编队重构控制律设计

双积分模型弱刚性编队重构控制律设计过程与单积分模型类似，继续使用 $h(t)$ 作为缓冲函数，缓冲控制输入设计为

$$\boldsymbol{u}_{swi}^{*} = \boldsymbol{u}_{sw0} + h(t)(\boldsymbol{u}_{swi} - \boldsymbol{u}_{sw0}), \quad T_{sw0} < t < T_{sw0} + \Delta T_{sw} \tag{8-51}$$

式中，$\boldsymbol{u}_{sw0}$ 表示编队队形切换前无人飞行器 i 的输入，$\boldsymbol{u}_{swi}$ 表示编队队形切换后按照式(8-51)计算编队队形改变后的无人飞行器 i 的输入，$\boldsymbol{u}_{swi}^{*}$ 表示无人飞行器 i 的实际输入，T_{sw0} 表示队形重构发生的时刻，ΔT_{sw} 表示缓冲函数 $h(t)$ 作用时间。

考虑缓冲控制输入，则无人飞行器 i 在整个拓扑动态切换过程中的控制输入为

$$\boldsymbol{u}_{swi}^{*} = \begin{cases} \boldsymbol{u}_{sw0} + h(t)(\boldsymbol{u}_{swi} - \boldsymbol{u}_{sw0}), & T_{sw0} < t < T_{sw0} + \Delta T_{sw} \\ \boldsymbol{u}_{swi}, & T_{sw0} + \Delta T_{sw} \leqslant t \end{cases} \tag{8-52}$$

推论 8.4　在控制输入 $\boldsymbol{u}_{swi}^{*}$ 的作用下，多无人飞行器系统的编队队形进行动态切换，最终形成切换后的编队队形。

证明： 证明过程同推论 8.3。

8.5　仿真验证

为了验证本章所提控制策略的有效性，下面分别给出单积分和双积分模型的多无人飞行器编队控制的实例仿真。

8.5.1　单积分模型弱刚性编队控制仿真验证

在二维空间中，考虑一组 6 个单积分模型无人飞行器，单位为 m。定义 γ 函数为 $\gamma(x) = x^2/2$，假设 $\boldsymbol{p}_1^{*} = (2.5, 2.5\sqrt{2})$，$\boldsymbol{p}_2^{*} = (7.5, 0)$，$\boldsymbol{p}_3^{*} = (12.5, 2.5\sqrt{2})$，$\boldsymbol{p}_4^{*} = (12.5, 7.5 + 2.5\sqrt{5})$，$\boldsymbol{p}_5^{*} = (7.5, 7.5 + 5\sqrt{5})$，$\boldsymbol{p}_6^{*} = (2.5, 7.5 + 2.5\sqrt{5})$，无人飞行器的初始位置 $\boldsymbol{p}_i(0)(i = 1, 2, \cdots, 6)$ 为 $\boldsymbol{p}_i^{*}$ 被均匀分布在[−3,3]上的随机变量扰动后的位置。仿真结果如图 8-1～图 8-3 所示。对比图 8-1 和图 8-2 可知，刚性编队需要控制的边数为 9 个，弱刚性编队只需要 5 个；本章设计的控制器需要知道更少的边来形成期望编队队形。由图 8-3 可知，设计的单积分模型弱刚性编队控制器能有效生成期望队形。

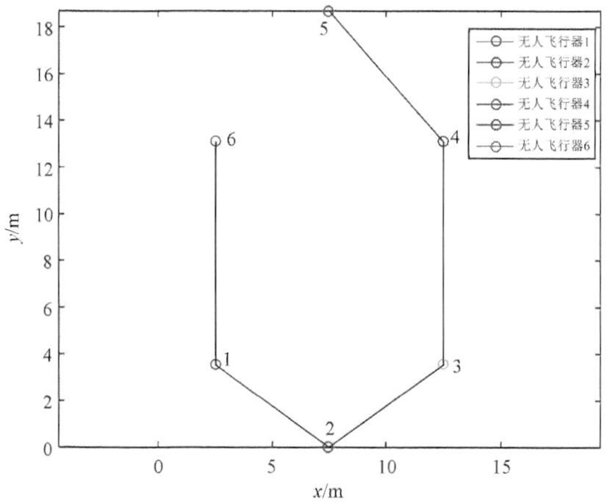

图 8-1　由最小弱刚性编队通信拓扑生成算法得到的编队通信拓扑

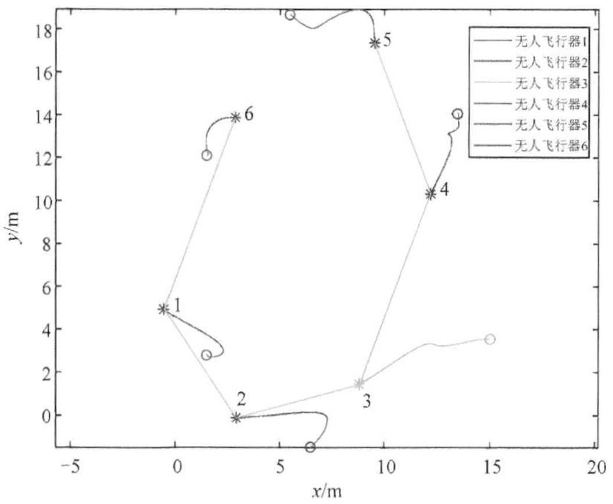

图 8-2　由本章所提控制策略得到的单积分模型弱刚性编队

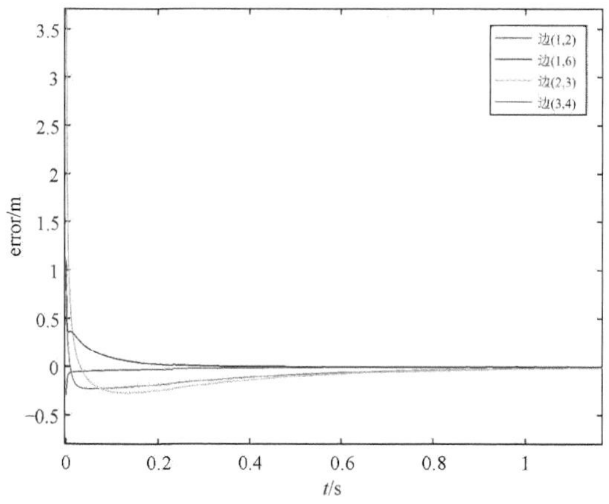

图 8-3　单积分模型弱刚性编队中边长误差收敛到 0

8.5.2 双积分模型弱刚性编队控制仿真验证

在二维空间中，考虑一组 6 个双积分模型的无人飞行器，单位为 m。定义 γ 函数为 $\gamma(x)=x^2/2$，假设 $\boldsymbol{p}_1^*=(2.5,2.5\sqrt{2})$，$\boldsymbol{p}_2^*=(7.5,0)$，$\boldsymbol{p}_3^*=(12.5,2.5\sqrt{2})$，$\boldsymbol{p}_4^*=(12.5,7.5+2.5\sqrt{5})$，$\boldsymbol{p}_5^*=(7.5,7.5+5\sqrt{5})$，$\boldsymbol{p}_6^*=(2.5,7.5+2.5\sqrt{5})$，无人飞行器的初始位置为 $\boldsymbol{p}_i^*(i=1,2,\cdots,6)$ 被均匀分布在[−3,3]上的随机变量扰动后的位置。无人飞行器的初始速度是由均匀分布在[−1,1](单位为 m/s)上的随机变量随机给出的。仿真结果如图 8－4 和图 8－5 所示。图 8－4 和图 8－5 可知，本章设计双积分模型的编队控制器可有效生成弱刚性编队。

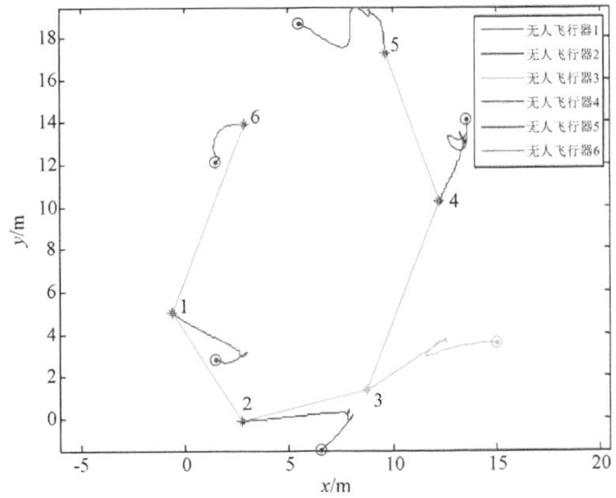

图 8－4 由所提控制策略得到的双积分模型弱刚性编队

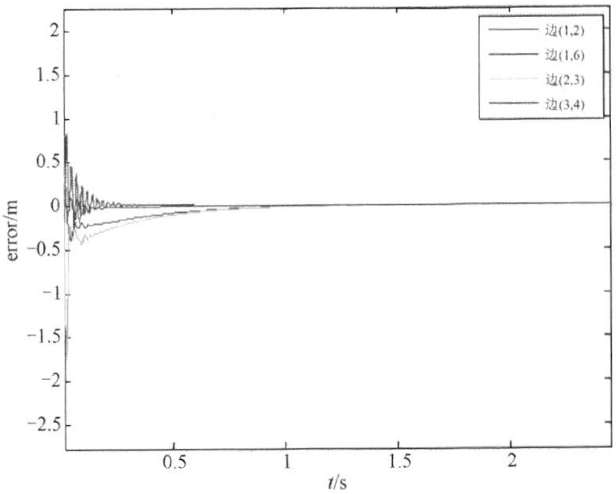

图 8－5 双积分模型弱刚性编队中边长误差收敛到 0

8.5.3　动态拓扑切换时弱刚性编队重构控制仿真验证

单积分模型时两次编队拓扑切换时间 T_{dw0} 分别为 2.5 s 和 5.0 s，缓冲函数作用时间 $\Delta T_{dw}=1.0$ s；双积分模型时两次编队拓扑切换时间 T_{sw0} 分别为 2.5 s 和 5.0 s，缓冲函数作用时间 $\Delta T_{sw}=1.0$ s。表 8-1 所列为不同模式下的弱刚性编队队形；图 8-6 所示为单积分模型弱刚性编队由搜索队形切换到防御队形；图 8-7 所示为单积分模型弱刚性编队由防御队形切换到特定任务队形；图 8-8 所示为双积分模型弱刚性编队由搜索队形切换到防御队形；图 8-9 所示为双积分模型弱刚性编队由防御队形切换到特定任务队形。由图 8-6～图 8-9 可知，基于两种模型的编队重构控制器，都可以在编队通信拓扑发生动态切换时完成编队队形重构，这使得编队在动态环境中的生存概率更大，并保证了编队刚性的保持。

表 8-1　不同模式下的弱刚性编队队形

模　式	搜　索	防　御	特定任务
编队队形	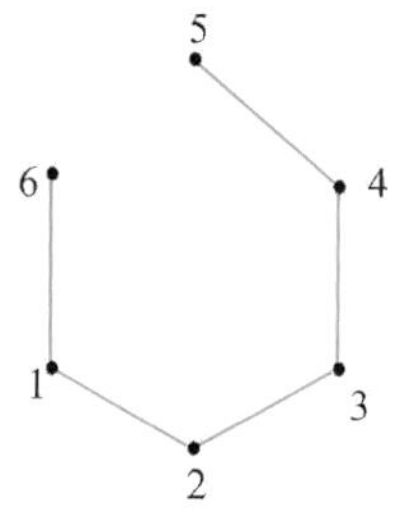	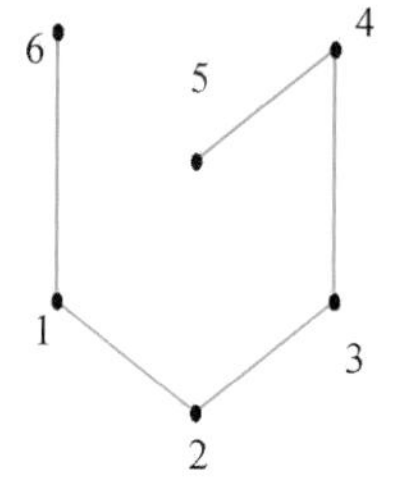	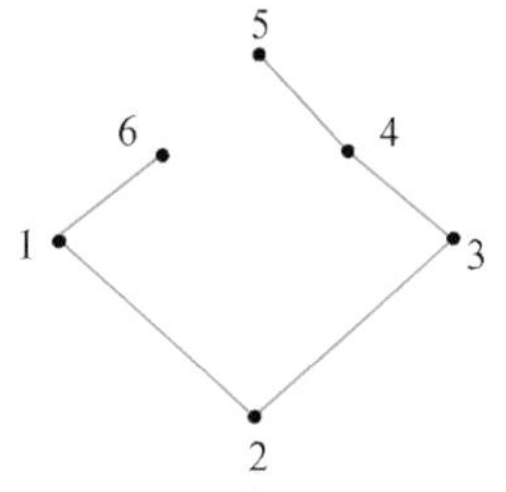

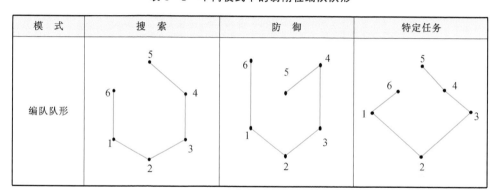

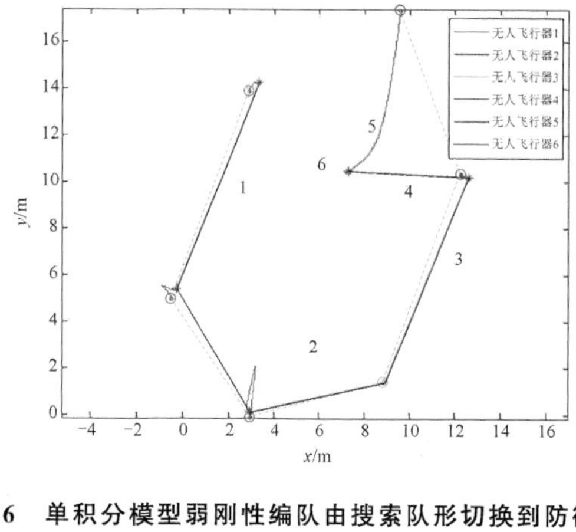

图 8-6　单积分模型弱刚性编队由搜索队形切换到防御队形

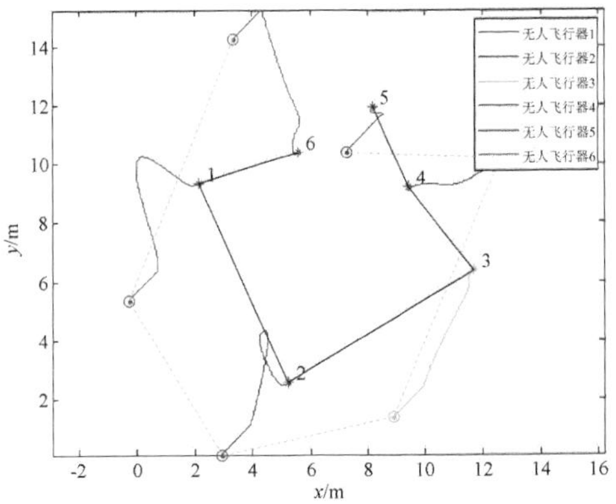

图 8-7　单积分模型弱刚性编队由防御队形切换到特定任务队形

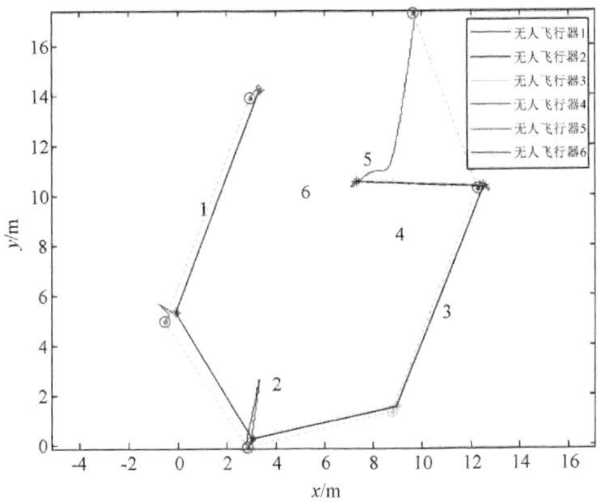

图 8-8　双积分模型弱刚性编队由搜索队形切换到防御队形

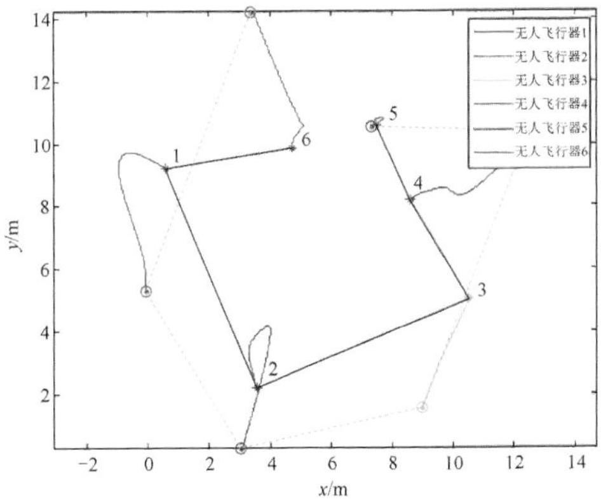

图 8-9　双积分模型弱刚性编队由防御队形切换到特定任务队形

本章小结

本章研究了弱刚性编队控制问题，并设计了生成期望队形的控制器。基于单积分模型，设计了弱刚性编队梯度控制律，根据梯度系统的性质证明了系统的稳定性；基于双积分模型，设计了弱刚性编队类梯度控制律，证明了系统的稳定性；针对拓扑切换控制，通过在弱刚性编队生成控制律的基础上加入缓冲控制项，设计了编队队形重构的控制律，并证明了系统的稳定性。另外，所设计的控制器对所有弱刚性编队均可适用，扩大了应用范围。

第9章　基于运动参数组的多无人飞行器时变编队控制

无人飞行编队控制的核心问题在于编队队形生成与保持，而预先对期望的编队队形进行定义则是编队控制的基础。

当前对编队队形定义的主要方法有：基于绝对位置、相对位置、无人飞行器间的距离以及无人飞行器间的相对方位等。可以发现现有的四种方法在无人飞行编队进行平移、旋转和缩放变换这三种基础运动时，编队队形与所定义的期望队形并不相符。图9－1以基于无人飞行器间相对方位与基于无人飞行器间距离的编队队形描述方法为例，解释了在三种运动下所定义队形发生变化的原因。如图9－1(a)所示，假设基于相对方位的队形定义方法，在初始时定义某两架无人飞行器间的相对方位为 ψ_1；二者间的相对位置经过旋转运动后，相对方位变成了 ψ'_1，若 $\psi'_1 \neq \psi_1 + 2\pi$，则编队队形已经与初始所描述的队形不符。又如图9－1(b)所示，假设基于距离的队形定义方法，在初始时定义某两架无人飞行器间的相对距离为 l_1，然而经过缩放运动后，二者间的距离变为 l'_1，若 $l'_1 \neq l_1$，则编队队形也与初始定义的期望队形不符。

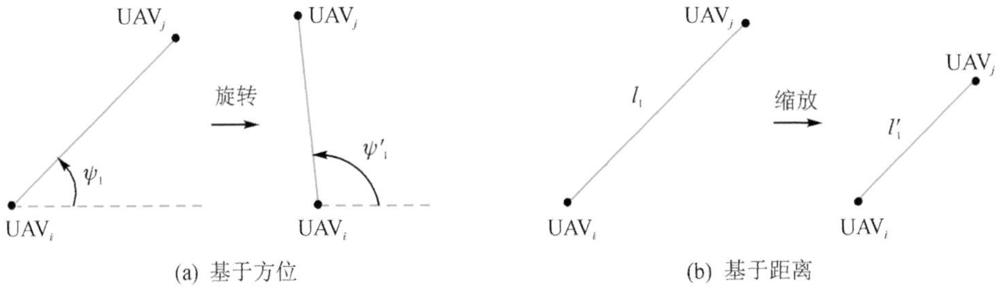

图9－1　现有的编队队形描述方法示意图

显然，当前几种关于无人飞行编队队形定义的方法大都局限在时不变的编队队形的情况下。然而，在面对复杂环境以及不同任务条件时，编队往往需要处于时变的状态，即动态编队状态，以便能够在飞行环境发生变化时视情况改变队形。同时，由于几何形状的固有属性是在平移、旋转与缩放变换三种运动下保持形状不变，因此要想确保所定义的编队队形满足时变的状态，就必须确保在这三种运动下所定义的几何形状保持不变，即须从本质上对队形进行定义。除了确定编队队形外，设计一个满足要求的编队控制器是保证无人飞行编队形成与保持的关键。

本章将基于旋转、缩放与平移变换三种运动，提出一种满足时变编队的队形定义方法，同时基于该方法给出一致性编队控制律，最后通过仿真对算法的可行性与优势进行验证。

9.1　模型建立

9.1.1　运动模型建立

下面主要考虑无人飞行器在定高飞行状态下的编队控制问题，因此可将三维空间问题转换至二维平面上进行讨论。考虑由 N 架无人飞行器组成系统，视每架无人飞行器为一个质点，采用如下运动学模型

$$\begin{cases}\dot{p}_{ix}(t)=\|\boldsymbol{v}_i(t)\|\cos\varphi_i(t)\\ \dot{p}_{iy}(t)=\|\boldsymbol{v}_i(t)\|\sin\varphi_i(t)\\ \dot{\boldsymbol{v}}_i(t)=\boldsymbol{u}_i(t)\\ \dot{\varphi}_i(t)=u_i^{\varphi}(t)\end{cases},\quad i\in\Theta \tag{9-1}$$

式中，令 $\boldsymbol{p}_i(t)=(p_{ix},p_{iy})^{\mathrm{T}}$，$\boldsymbol{v}_i(t)=(v_{ix},v_{iy})^{\mathrm{T}}$，$\boldsymbol{u}_i(t)=(u_{ix},u_{iy})^{\mathrm{T}}$ 分别表示 t 时刻无人飞行器的位置、速度和控制输入量；$\Theta=\{1,2,\cdots,N\}$；$\varphi_i(t)$ 为无人飞行器的航向角；$u_i^{\varphi}(t)$ 为 $\varphi_i(t)$ 的控制输入。

为了便于下文分析，此处借鉴动态反馈线性化的方法，可将式(9-1)转换为双积分模型作为无人飞行器的运动学模型，即

$$\begin{cases}\dot{\boldsymbol{p}}_i(t)=\boldsymbol{v}_i(t)\\ \dot{\boldsymbol{v}}_i(t)=\boldsymbol{u}_i(t)\end{cases},\quad i\in\Theta \tag{9-2}$$

为更好地描述本章所述的无人飞行编队控制问题，本章引入了两架虚拟无人飞行器作为编队的参考量与基准量，将二者分别记作轨迹导引 UAV_l 和基准 UAV_b。定义 UAV_l 的动态模型为

$$\begin{cases}\dot{\boldsymbol{p}}_l(t)=\boldsymbol{v}_l(t)\\ \dot{\boldsymbol{v}}_l(t)=\boldsymbol{u}_l(t)\end{cases} \tag{9-3}$$

式中，$\boldsymbol{p}_l=(p_{lx},p_{ly})^{\mathrm{T}}$，$\boldsymbol{v}_l=(v_{lx},v_{ly})^{\mathrm{T}}$ 分别为 UAV_l 的位置与速度；$\boldsymbol{u}_l$ 为 UAV_l 的控制输入。

定义 UAV_b 的动态模型为

$$\begin{cases}\dot{\boldsymbol{p}}_b(t)=\boldsymbol{v}_b(t)\\ \dot{\boldsymbol{v}}_b(t)=\boldsymbol{u}_b(t)\end{cases} \tag{9-4}$$

式中，$\boldsymbol{v}_b$ 和 $\boldsymbol{u}_b$ 分别表示 UAV_b 的基准向量、基准变化量和基准控制量。需要注意的是，此处 UAV_b 并非实际意义的无人飞行器，$\boldsymbol{u}_b$ 为预定参数，$\boldsymbol{p}_b$ 和 $\boldsymbol{v}_b$ 受 $\boldsymbol{u}_b$ 的控制，$\boldsymbol{p}_b$ 和 $\boldsymbol{v}_b$ 在此不作为 UAV_b 的实际的位置与速度量。

9.1.2 图论相关定义

以有向图来表示无人飞行器间以及无人飞行器与虚拟无人飞行器间的通信拓扑关系。定义有向图 $G_1=(V_1,\varepsilon_1)$，其中 V_1 表示图 G_1 顶点的集合，即无人飞行器的集合；ε_1 表示图 G_1 边的集合，即无人飞行器间的通信关系集合，当 $(\mathrm{UAV}_i,\mathrm{UAV}_j)\in\varepsilon_1$ 时，表示 UAV_i 能够接收到来自 UAV_j 的信息，并称 UAV_j 是 UAV_i 的邻接无人飞行器，UAV_i 的邻接无人飞行器集合可表示为 N_i。定义邻接矩阵 $\boldsymbol{A}_1=[a_{ij}]\in\mathbf{R}^{N\times N}$，$a_{ij}$ 为 $(\mathrm{UAV}_i,\mathrm{UAV}_j)$ 的权值，并满足

$$\begin{cases}a_{ij}>0, & (\mathrm{UAV}_i,\mathrm{UAV}_j)\in\varepsilon_1\\ a_{ij}=0, & (\mathrm{UAV}_i,\mathrm{UAV}_j)\notin\varepsilon_1\end{cases} \tag{9-5}$$

定义有向图 $G_2=(V_2,\varepsilon_2)$，其中 V_2 表示 UAV_k 与 UAV_i 的集合，$k\in\{l,b\}$；ε_2 表示 UAV_i 与 UAV_k 间的通信关系集合，当 $(\mathrm{UAV}_i,\mathrm{UAV}_k)\in\varepsilon_2$ 时，称 UAV_i 能够获取来自 UAV_k 的信息，并定义矩阵 $\boldsymbol{A}_2=[a_{ik}]\in\mathbf{R}^{N\times 2}$，$a_{ik}$ 表示 $(\mathrm{UAV}_i,\mathrm{UAV}_k)$ 的权值，且

$$\begin{cases}a_{ik}>0, & (\mathrm{UAV}_i,\mathrm{UAV}_k)\in\varepsilon_2\\ a_{ik}=0, & (\mathrm{UAV}_i,\mathrm{UAV}_k)\notin\varepsilon_2\end{cases} \tag{9-6}$$

同时从式(9-6)中也可注意到，a_{ki} 不存在，即 UAV_k 不具备接收来自 UAV_i 信息的能力。需要注意的是，当不考虑无人飞行器间通信质量时，图 G_1 与 G_2 为非赋权图，a_{ij} 与 a_{ik} 取值为 0 或 1。

定义图 G_1 的 Laplacian 矩阵 $\boldsymbol{L}\in\mathbf{R}^{N\times N}$ 为

$$\boldsymbol{L}=[l_{ij}]=\boldsymbol{D}-\boldsymbol{A}_1 \tag{9-7}$$

式中，$\boldsymbol{D}=\mathrm{diag}(d_1,d_2,\cdots,d_N)\in\mathbf{R}^{N\times N}$ 表示 G_1 的权值入度矩阵，$d_i=\sum_{j=1}^{N}a_{ij}$ 为 UAV_i 的权值入度值。

9.2 参数组的编队队形定义方法

在给出编队队形定义方法前，首先针对 UAV_i 与 UAV_k 间的通信拓扑关系做出

假设。

假设 9.1　UAV_k 至少存在一条到达所有 UAV_i 的有向信息流，且各无人飞行器之间关于 UAV_k 的信息传递是相同的。

图 9－2 展示了 UAV_k 与 UAV_i 间的通信拓扑图。如图 9－2 所示，UAV_k 存在至少一条有向信息流到达每架无人飞行器。

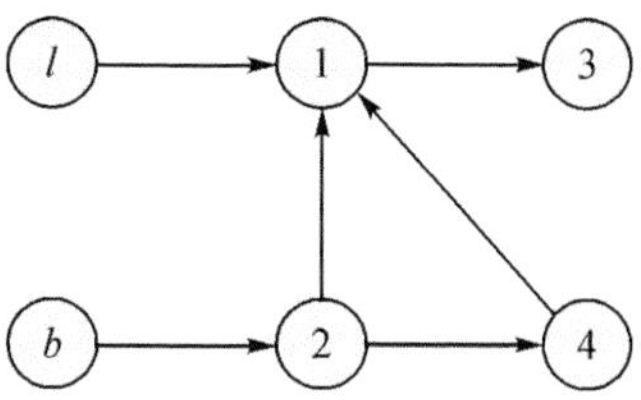

图 9－2　编队通信拓扑示意图

与现有的以各无人飞行器的相对位置或相对方位等对编队队形进行定义的方法不同，本章提出一种基于平移、缩放和旋转变换三种基本运动的编队队形定义方法，并基于此方法实现对编队的控制。

为使得无人飞行编队队形可以被独一无二地表示，此处构造编队运动参数组为

$$S(N)=(\boldsymbol{p}_l,\boldsymbol{p}_b(t),r_1(t),\boldsymbol{R}_1(t),\cdots,r_N(t),\boldsymbol{R}_N(t)) \tag{9-8}$$

式中，$\boldsymbol{p}_0$ 为设定的编队中心；$r_i\geqslant 0$ 为缩放因子；$\boldsymbol{R}_i\in\mathbf{SO}(2)$ 为旋转因子，$\mathbf{SO}(2)$ 为单位正交矩阵。

式(9－8)的参数组中包含了旋转、缩放与平移三种运动，其中缩放运动由缩放因子 r_i 控制，旋转运动由旋转因子 $\boldsymbol{R}_i$ 控制，平移运动取决于编队中心 $\boldsymbol{p}_l$ 的变化，且缩放运动与旋转运动都是相对 UAV_b 而言的，这也是将 UAV_b 作为编队基准的原因。

在三种运动中，无人飞行编队队形主要取决于 r_i 与 $\boldsymbol{R}_i$ 的变化，且两者均以 UAV_b 为基准。为了简化表达，设编队因子为

$$\boldsymbol{C}_i(t)=r_i(t)\boldsymbol{R}_i(t),\quad i\in\Theta \tag{9-9}$$

此时，式(9－8)的编队运动参数组可变换为

$$S(N)=(\boldsymbol{p}_l,\boldsymbol{p}_b(t),\boldsymbol{C}_1(t),\cdots,\boldsymbol{C}_N(t)) \tag{9-10}$$

式(9－10)中参数组 $S(N)$ 中包含了所定义的编队队形。以下给出基于运动参数组的无人飞行编队控制问题的具体定义。

定义 9.1　对于任意无人飞行器的初始状态，若满足

$$\lim_{t\to\infty}\boldsymbol{p}_i(t)=\boldsymbol{p}_l(t)+\boldsymbol{C}_i(t)\boldsymbol{p}_b(t),\quad i\in\Theta \tag{9-11}$$

则称通过控制参数组 $S(N)$ 实现了对所定义的期望编队队形的控制。

定理 9.1　无人飞行编队队形与编队运动参数组 $S(N)$ 一一对应。

证明：充分性。对于任意给定的编队运动参数组 $S(N)$ 而言，其可对应编队内任意无人飞行器的位置向量，即给定编队运动参数组 $S(N)$ 可对应唯一的编队队形。

必要性。对于任意的无人飞行编队队形而言，其编队内任意无人飞行器位置均可由 $\boldsymbol{p}_l$、$\boldsymbol{p}_b$ 和 $\boldsymbol{C}_i(t)$ 唯一确定，则编队内所有无人飞行器位置均可由 $S(N)$ 唯一确

定，即任意的编队队形对应唯一的运动参数组 $S(N)$。证毕。

为了更清晰地阐明定义 9.1 中所表述的控制意义，利用图 9－3 所示的编队队形描述示意图进行具体说明。设编队的无人飞行器数量为 $N=4$，采用图 9－2 所示的编队间通信拓扑关系。考虑

$$\boldsymbol{p}_b=(\cos\theta_b(t)\quad\sin\theta_b(t))^{\mathrm{T}} \tag{9-12}$$

$$\boldsymbol{r}=[r_1,r_2,r_3,r_4],\quad \boldsymbol{R}_i=\begin{pmatrix}\cos\theta_i & -\sin\theta_i\\ \sin\theta_i & \cos\theta_i\end{pmatrix},\quad i\in\Theta \tag{9-13}$$

显然，$\boldsymbol{R}_i\in\mathbf{SO}(2)$是满足条件的。此处考虑 $\boldsymbol{p}_b$ 为时不变的，设 $\theta_b(t)=2\pi/3$，即 $\boldsymbol{p}_b=[0,1]^{\mathrm{T}}$。可以发现，当 $\boldsymbol{p}_b$ 确定后，编队中所有无人飞行器将会沿着 $\boldsymbol{p}_b$ 逆时针旋转角度 θ_i，随后到达各自的位置，说明了无人飞行编队的队形可由式(9－10)定义产生。

从这个例子中可以发现，更改 $\boldsymbol{p}_l$ 的值对于所定义的编队队形的形状并不会产生影响。这是由于式(9－10)表明，编队队形是基于 $\boldsymbol{p}_b$ 而言的，而 $\boldsymbol{p}_l$ 的改变仅会导致编队相对于空间的位置发生变化。

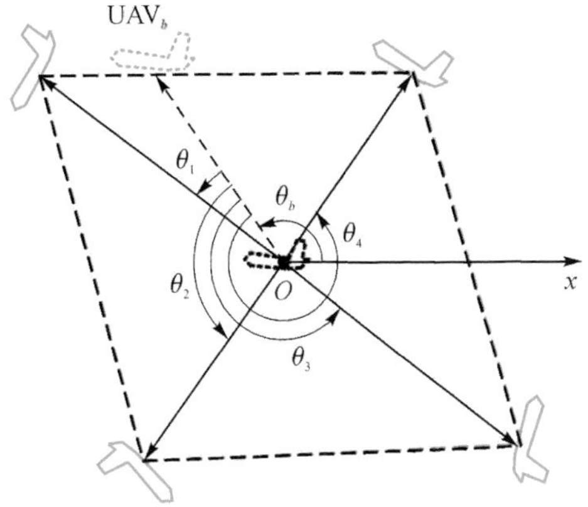

图 9－3　编队队形描述示意图

需要说明的是，本节所提出的编队队形描述方法是面向时变编队的，这主要表现在两个方面：① $\boldsymbol{p}_b$ 可以是时变的，通过控制 $\theta_b(t)$可实现。若 $\boldsymbol{p}_b$ 为时变的，可说明编队是动态的，因为所有的无人飞行器均以 UAV$_b$ 为基准进行队形保持。② 通过控制 $\boldsymbol{R}_i$ 与 r_i 为时变的，即控制 θ_i 与 r_i 为时变的，若 θ_i 为时变的，则说明各无人飞行器相对 UAV$_b$ 的旋转角度是时变的，若 r_i 为时变的，则说明无人飞行编队的规模是时变的。基于上述两点，无人飞行编队可根据实际需求，定义相应的时变编队队形。

9.3 一致性控制律设计

由定义9.1可得UAV_i的编队位置误差为

$$\bar{\boldsymbol{p}}_i=\boldsymbol{p}_i-\boldsymbol{p}_l-\boldsymbol{C}_i\boldsymbol{p}_b \tag{9-14}$$

求导可得编队速度误差为

$$\bar{\boldsymbol{v}}_i=\boldsymbol{v}_i-\boldsymbol{v}_l-\boldsymbol{C}_i\boldsymbol{v}_b-\dot{\boldsymbol{C}}_i\boldsymbol{p}_b \tag{9-15}$$

在设计控制律前,给出满足一致性的无人飞行编队队形控制的定义。

定义9.2 对于任意UAV_i和UAV_j,若存在某一有界时刻t_0,使得$t\geqslant t_0$时,$\|\bar{\boldsymbol{v}}_i-\bar{\boldsymbol{v}}_j\|\to 0$和$\|\bar{\boldsymbol{p}}_i-\bar{\boldsymbol{p}}_j\|\to 0$,且满足$\bar{\boldsymbol{p}}_i\to 0$和$\bar{\boldsymbol{v}}_i\to 0$,则称期望的多无人飞行编队队形成并保持。

考虑到编队控制主要取决于编队中各无人飞行器位置$\boldsymbol{p}_i$和速度$\boldsymbol{v}_i$,为此分别设计速度控制律$\boldsymbol{u}_{vi}$与位置控制律$\boldsymbol{u}_{pi}$为

$$\boldsymbol{u}_{vi}=\boldsymbol{\chi}_i-k_1\Big(\sum_{j=1}^{N}[a_{ij}(\bar{\boldsymbol{v}}_i-\bar{\boldsymbol{v}}_j)]+a_{ib}\bar{\boldsymbol{v}}_i\Big) \tag{9-16}$$

$$\boldsymbol{u}_{pi}=-k_2\Big(\sum_{j=1}^{N}[a_{ij}(\bar{\boldsymbol{p}}_i-\bar{\boldsymbol{p}}_j)]+a_{ib}\bar{\boldsymbol{p}}_i\Big) \tag{9-17}$$

由线性系统的叠加性可得编队控制律$\boldsymbol{u}_i$为

$$\boldsymbol{u}_i=\boldsymbol{u}_{vi}+\boldsymbol{u}_{pi}=\boldsymbol{\chi}_i-\sum_{j=1}^{N}a_{ij}[k_1(\bar{\boldsymbol{v}}_i-\bar{\boldsymbol{v}}_j)+k_2(\bar{\boldsymbol{p}}_i-\bar{\boldsymbol{p}}_j)]-k_1a_{ib}\bar{\boldsymbol{v}}_i-k_2a_{ib}\bar{\boldsymbol{p}}_i \tag{9-18}$$

式中,$\boldsymbol{\chi}_i=\ddot{\boldsymbol{C}}_i\boldsymbol{p}_b+2\dot{\boldsymbol{C}}_i\boldsymbol{v}_b+\boldsymbol{C}_i\boldsymbol{u}_b+\boldsymbol{u}_l$;$k_1,k_2>0$,为控制系数。

可得无人飞行编队误差动态方程为

$$\dot{\boldsymbol{\phi}}=\boldsymbol{A\phi} \tag{9-19}$$

式中,$\boldsymbol{\phi}=(\bar{\boldsymbol{p}}^{\mathrm{T}},\bar{\boldsymbol{v}}^{\mathrm{T}})^{\mathrm{T}}$;$\boldsymbol{A}=\begin{bmatrix}\boldsymbol{0}_N & \boldsymbol{I}_N\\ -k_2\boldsymbol{Q}_b & -k_1\boldsymbol{Q}_b\end{bmatrix}\otimes\boldsymbol{I}_2$;$\boldsymbol{Q}_b=\boldsymbol{L}+\boldsymbol{Y}^b$;$\boldsymbol{Y}^b=\mathrm{diag}(a_{1b},a_{2b},\cdots,a_{Nb})$。

引理9.1 在假设9.1成立的前提下,满足:① $\boldsymbol{Q}_k$,$k\in\{l,b\}$是非奇异的;② $\boldsymbol{Q}_k$的所有特征根λ_k均有正实部;③ $\boldsymbol{Q}_k^{-1}$存在且为非负的;④ 存在正对角矩阵$\boldsymbol{P}=\{p_1,p_2,\cdots,p_N\}$,使得$\boldsymbol{PQ}_k+(\boldsymbol{Q}_k\boldsymbol{P})^{\mathrm{T}}$是正定的且为严格对角的,其中$\boldsymbol{P}=(\mathrm{diag}(\boldsymbol{q}))^{-1}$,$\boldsymbol{q}=[q_1,q_2,\cdots,q_N]^{\mathrm{T}}=\boldsymbol{Q}_k^{-1}\boldsymbol{1}_N$。

引理9.2 考虑二次多项式

$$f(\lambda)=\lambda^2+(a_1+\mathrm{i}b_1)\lambda+a_2+\mathrm{i}b_2 \tag{9-20}$$

则要使 $f(\lambda)=0$ 的所有特征根均具有负实部，当且仅当满足

$$\begin{cases} a_1 > 0 \\ a_1^2 a_2 + a_1 b_1 b_2 - b_2^2 > 0 \end{cases} \tag{9-21}$$

定理 9.2　在假设 9.1 满足的前提下，如若满足

$$\frac{k_1^2}{k_2} > \max_{i\in\Theta}\left\{\frac{(\mathrm{Im}(\lambda_i^b))^2}{|\lambda_i^b|^2\mathrm{Re}(\lambda_i^b)}\right\} \tag{9-22}$$

式中，λ_i^b 为 $\boldsymbol{Q}_b$ 的特征根，则在参数组 $S(N)$ 的约定和控制律(9-18)的作用下，多无人飞行器将形成期望的编队队形。

证明： 显然要证明定理 9.2，只需要证明系统(9-19)稳定即可。由系统(9-19)的表达式可得 $\boldsymbol{A}$ 的特征多项式为

$$|\lambda\boldsymbol{I}_{4N}-\boldsymbol{A}|=\begin{vmatrix} \lambda\boldsymbol{I}_{2N} & -\boldsymbol{I}_{2N} \\ k_2\boldsymbol{Q}_b\otimes\boldsymbol{I}_2 & \lambda\boldsymbol{I}_{2N}+k_1\boldsymbol{Q}_b\otimes\boldsymbol{I}_2 \end{vmatrix}=\lambda^2+k_1\lambda_i^b\lambda+k_2\lambda_i^b=0 \tag{9-23}$$

而要证 $\boldsymbol{\phi}\rightarrow 0$，只需要证明式(9-23)的特征根均具有负实部即可。

由引理 9.2 可知，若要令式(9-23)的所有特征根均具有负实部，则必须满足

$$\begin{cases} \mathrm{Re}(\lambda_i^b) > 0 \\ k_1^2 k_2(\mathrm{Re}(\lambda_i^b))^3 + k_1^2 k_2\mathrm{Re}(\lambda_i^b)(\mathrm{Im}(\lambda_i^b))^2 - k_2^2(\mathrm{Im}(\lambda_i^b))^2 > 0 \end{cases} \tag{9-24}$$

由引理 9.1 可知，$\mathrm{Re}(\lambda_i^b)>0$。若满足式(9-22)，则式(9-24)成立，即可确保式(9-23)的特征根均具有负实部，即当 $t\geqslant t_0$ 时，$\bar{\boldsymbol{p}}\rightarrow 0$ 与 $\bar{\boldsymbol{v}}\rightarrow 0$ 成立，多无人飞行器可形成期望的编队队形。证毕。

值得注意的是，k_1、k_2 数值大小的选择不仅与系统稳定性息息相关（满足式(9-22)的要求），而且与无人飞行编队的收敛速度也密切相关。

为了满足式(9-22)中 k_1^2/k_2 的不变性，设定增加倍数系数 κ，分别对 k_1，k_2 增加 κ 倍与 κ^2 倍($\kappa>1$)，不仅可保证 k_1^2/k_2 的比值不会变化，而且将会提高编队生成的收敛速度。但需注意：不可选择过大的 k_1，k_2，否则将会导致无人飞行器生成过大的速度。

9.4　仿真验证

为了验证本章所提出的基于运动参数组的一致性编队控制算法设计的合理性与有效性，令 $N=4$，即利用 4 架无人飞行器对本章设计的编队控制算法进行验证。

本章考虑无人飞行器间通信拓扑关系如图 9-4 所示。不考虑无人飞行器间的通信质量权重，即对应的邻接矩阵分别为

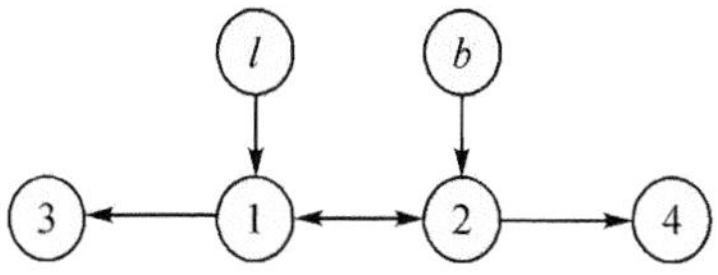

图 9-4　无人飞行器间通信拓扑关系

$$\boldsymbol{A}_1=\begin{bmatrix}0&1&0&0\\1&0&0&0\\1&0&0&0\\0&1&0&0\end{bmatrix},\quad \boldsymbol{A}_2=\begin{bmatrix}1&0&0&0\\0&1&0&0\end{bmatrix}^{\mathrm{T}}$$

求解可得 Laplacian 矩阵为

$$\boldsymbol{L}=\begin{bmatrix}1&-1&0&0\\-1&1&0&0\\-1&0&1&0\\0&-1&0&1\end{bmatrix}$$

则 $\boldsymbol{Q}_b$ 为

$$\boldsymbol{Q}_b=\begin{bmatrix}1&-1&0&0\\-1&2&0&0\\-1&0&1&0\\0&-1&0&1\end{bmatrix}$$

求解可得 $\boldsymbol{Q}_b$ 的特征值为 $\boldsymbol{\lambda}^b=[0.382,1,1,2.618]$，由式(2-22)可知仅须确保 $\dfrac{k_1^2}{k_2}>0$ 即可。

以下对无人飞行器的初始状态进行设定。设 4 架无人飞行器初始位置(单位为 m)分别为 $(-500,0)^{\mathrm{T}}$、$(-300,300)^{\mathrm{T}}$、$(200,-200)^{\mathrm{T}}$ 和 $(500,-100)^{\mathrm{T}}$；初始速度(单位为 m/s)分别为 $(0,-15)^{\mathrm{T}}$、$(-15,0)^{\mathrm{T}}$、$(10,-10)^{\mathrm{T}}$ 和 $(15,10)^{\mathrm{T}}$；UAV_l 的初始位置(单位为 m)为 $(0,0)^{\mathrm{T}}$，速度(单位为 m/s)为 $(\sqrt{20},\sqrt{20})^{\mathrm{T}}$。同时设系统参数 $k_1=3,k_2=2$；$\boldsymbol{p}_b=(1,0)^{\mathrm{T}}$。设定仿真时间为 60 s，仿真步长为 0.001。

9.4.1　无人飞行编队队形变换

为了验证本章设计的编队控制算法在编队队形变换时的控制效果，设当 $t\in[0,20)$ 时，缩放因子 $\boldsymbol{r}=[150,150,150,150]$，旋转因子 $\boldsymbol{R}_i$ 中旋转角度为 $\boldsymbol{\theta}=\left[\dfrac{\pi}{6},\dfrac{5\pi}{6},\dfrac{7\pi}{6},-\dfrac{\pi}{6}\right]$；当 $t\in[20,40)$ 时，缩放因子 $\boldsymbol{r}=[120,120,120,120]$，旋转因

子 $\boldsymbol{R}_i$ 中旋转角度为 $\boldsymbol{\theta}=\left[\frac{\pi}{4},\frac{3\pi}{4},\frac{5\pi}{4},-\frac{\pi}{4}\right]$；当 $t\in[40,60)$ 时，缩放因子 $\boldsymbol{r}=[120,100,70,100]$，旋转因子 $\boldsymbol{R}_i$ 中旋转角度为 $\boldsymbol{\theta}=\left[\frac{\pi}{4},\frac{5\pi}{8},\frac{\pi}{4},-\frac{\pi}{8}\right]$，仿真结果如图 9－5 所示。

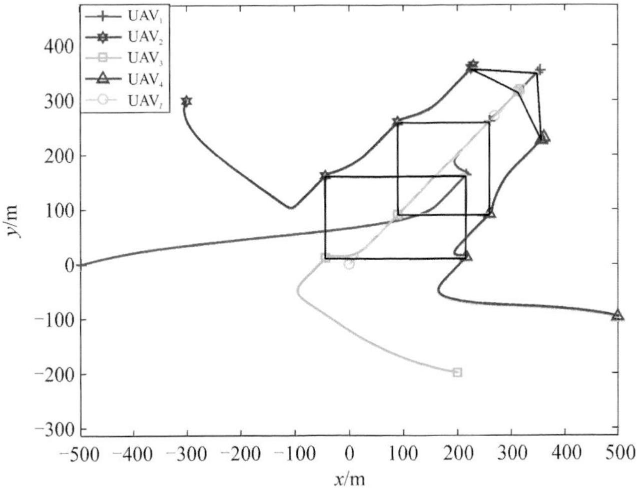

(a) 编队变换轨迹

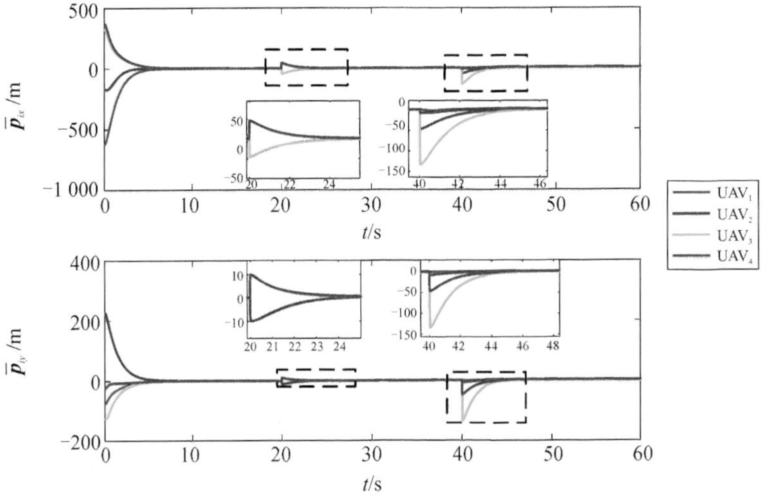

(b) 编队位置误差 $\overline{\boldsymbol{p}}_i$

图 9－5 编队队形变换控制

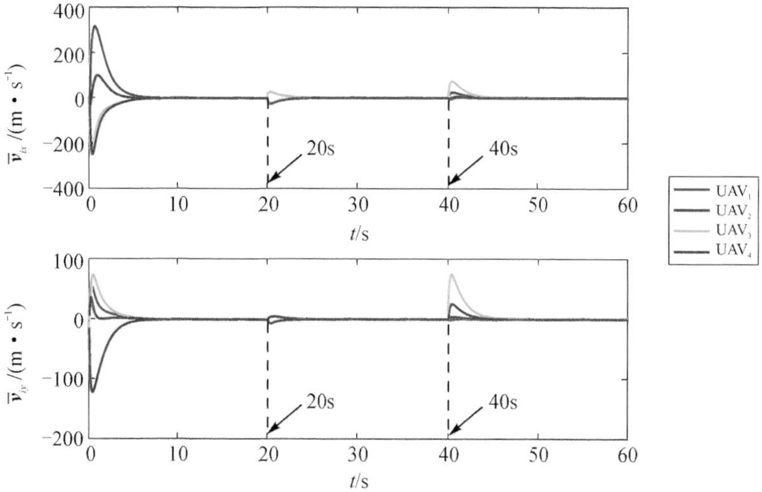

(c) 编队速度误差$\overline{\boldsymbol{v}}_i$

图 9－5　编队队形变换控制(续)

图 9－5(a)展示了无人飞行器在不同时间区间内，均能按照设定的期望队形飞行，能够实现不同队形间的变换，且轨迹平滑。图 9－5(b)与(c)分别为编队位置与速度误差。从图中可以观察到，在 8 s 左右，误差趋于 0，在 20 s 与 40 s 时，位置与速度误差曲线均发生抖动，并很快恢复至 0。这主要是由于在 20 s 与 40 s 时，编队队形改变，导致参数变化。由式(9－14)与式(9－15)可知，编队的误差由于 r_i 与 $\boldsymbol{R}_i$ 的变化会发生变化，因此曲线发生骤变，但在控制器作用下，误差很快又回到 0 附近，这证了实本章所设计的算法满足队形变换时的编队控制要求。

9.4.2　无人飞行器时变编队队形控制

为了验证本章设计的编队控制算法对时变编队的控制效果，设缩放因子 $\boldsymbol{r}=\left[150+30\sin\dfrac{t}{2},150,150+30\cos\dfrac{t}{2},150\right]$，旋转因子 $\boldsymbol{R}$ 中旋转角度为 $\boldsymbol{\theta}=\left[0,\dfrac{\pi}{4},\pi,\dfrac{5\pi}{4}\right]$，仿真结果如图 9－6 所示。从图 9－6(a)可以观察到，当 $r_i(t)$ 是时变时，无人飞行器依旧能够形成期望的编队队形。图 9－6(b)与(c)的编队位置与速度误差曲线中，误差曲线出现振幅小于 30 的正余弦曲线，这主要是因为 $r_i(t)$ 为时变的，致使编队因子 $\boldsymbol{C}_i(t)$ 为时变的，由式(9－14)与式(9－15)可知误差也在实时变化，此时在控制器的作用下不断减小误差，因此误差曲线始终保持在 0 附近小幅振荡。

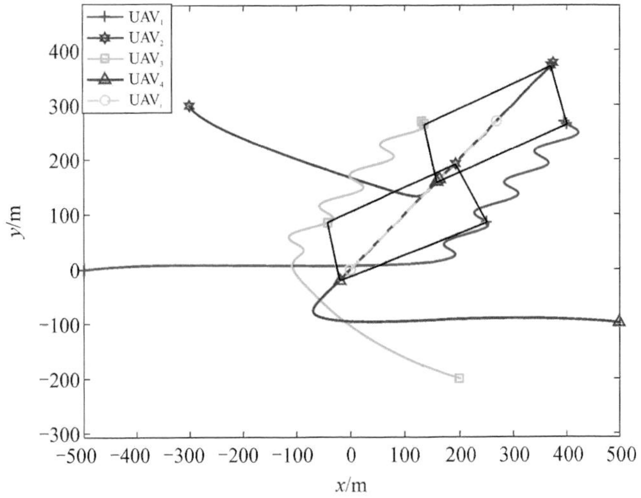

(a) 时变编队运动轨迹

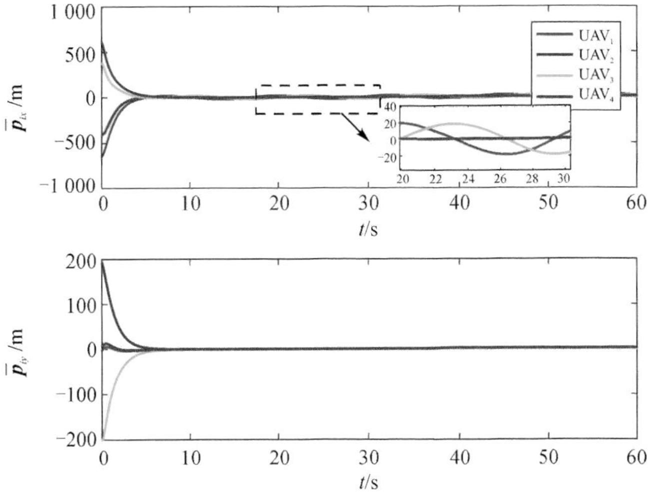

(b) 编队位置误差$\overline{\boldsymbol{p}}_i$

图 9－6 时变编队运动控制

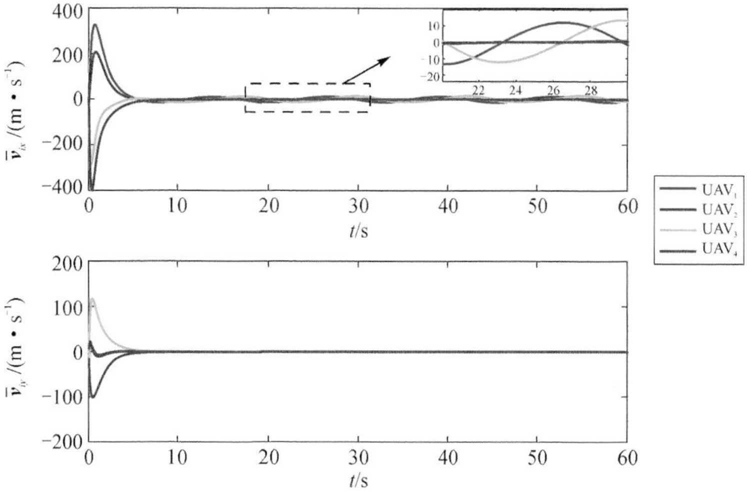

(c) 编队速度误差$\bar{v}_i$

图 9-6　时变编队运动控制(续)

9.4.3　不同控制系数取值的影响

为了验证不同数值的控制系数 k_1, k_2 选择对编队收敛速度的影响。选择两组 k_1, k_2 参数值,分别为 3 与 2,以及 6 与 8,即令增加倍数 κ 为 2;令 $\boldsymbol{r}=[100,100,100,100]$;旋转因子 $\boldsymbol{R}$ 中参数为 $\boldsymbol{\theta}=\left[\pi,\frac{\pi}{2},\frac{3\pi}{2},0\right]$;其余参数不变。图 9-7 展示了在

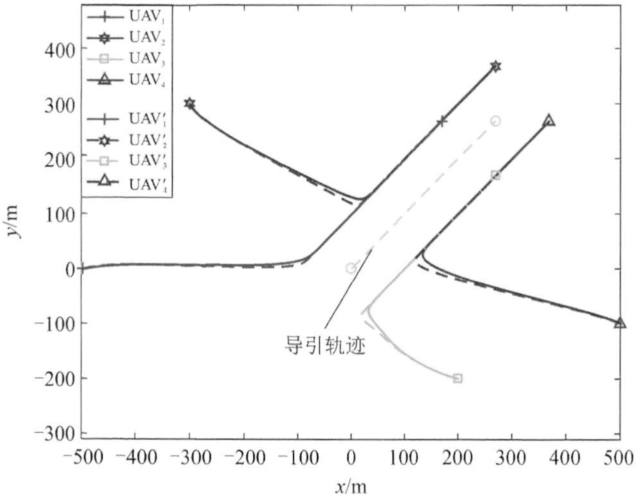

(a) 编队运动轨迹

图 9-7　不同 k_1, k_2 下的编队控制

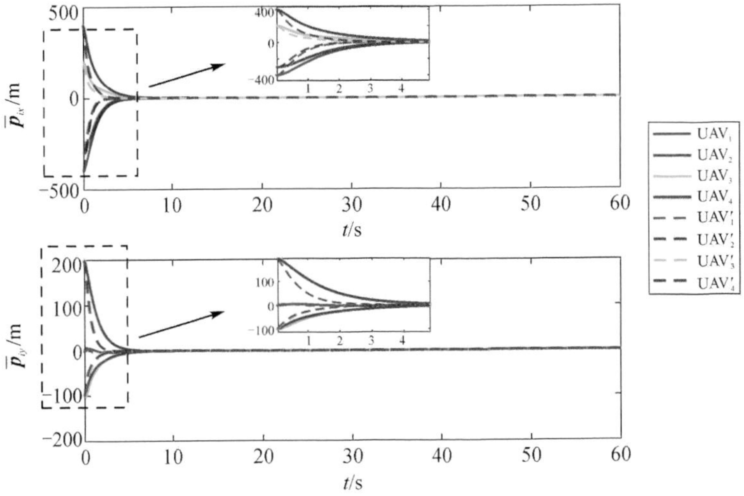

(b) 编队位置误差$\bar{p}_i$

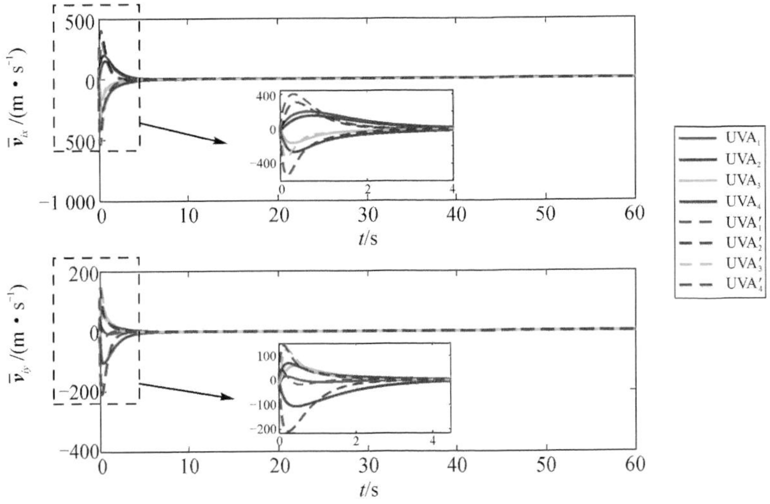

(c) 编队速度误差$\bar{v}_i$

图 9－7　不同 k_1,k_2 下的编队控制(续)

k_1,k_2 取不同数值时的无人飞行编队控制情况。图中实线为 $k_1=3$ 和 $k_2=2$ 时的仿真曲线,虚线为 $k_1=6$ 和 $k_2=8$ 时的仿真曲线。从图 9－7(a)可以看出,在两组参数下,无人飞行器均实现了期望编队队形的控制。从图 9－7(b)与(c)中可以看出,两组不同控制参数下的编队位置与速度误差曲线变化。显然,在其他条件不变的情况下,可以发现虚线的收敛速度要快于实线部分,也就是说增大 k_1,k_2 数值将加快无人飞行编队的收敛速度,这也验证了前文中对 k_1,k_2 数值大小的分析。

学,2014.

[14] SABER R O, MURRAY R M. Distributed Structural Stabilization and Tracking for Formations of Dynamics Multi-Agents[C]//Proceedings of the 41st IEEE Conference on Decision and Control,2002: 209-205..

[15] WALLS J, HOWARD A, HOMAIFAR A, et al. A Generalized Framework for Autonomous Formation Reconfiguration of Multiple Spacecraft[C]//Aerospace Conference,2005: 397-406.

[16] DANIEL B W, ALI H G, SALAH S. A Vision based Relative Navigation Framework for Formation Flight[C]//2014 IEEE International Conference on Robotics&Automation (ICRA), At Hong Kong, China,2014:4988-4995.

[17] BRIFION L, SEURET A, CANUDAS-DE-WIT C. Cooperative Control Design for Time-varying Formations of Multi-agent Systems[J]. IEEE Trans. on Automatic Control, 2014, 59(8):2283-2288.

[18] 王晋云, 魏瑞轩, 刘月,等. 无人机紧密编队队形构成控制[J]. 飞行力学,2008,26(6):34-37.

[19] 刘小雄, 章卫国, 王振华,等. 无人机自适应编队飞行控制设计与仿真[J]. 系统仿真学报,2009,21(5): 1420-1422.

[20] 邵士凯. 多智能体系统最优持久编队生成与圆形编队控制[D]. 秦皇岛:燕山大学,2013.

[21] WANG C, XIE G M, CAO M. Forming Circle Formations of Anonymous Mobile Agents with Order Preservation[J]. IEEE Trans. on Automatic Control,2013,58(12): 3248-3254.

[22] 钱斌,姜长生. 遗传算法在直升机空战编队优化中的应用[J]. 电光与控制,2008(01): 6-9.

[23] 张科施,王正平. 基于遗传模拟退火算法的空战编队优化研究[J]. 西北工业大学学报,2003(04): 477-480.

[24] 夏庆军,张安,张耀中. 大规模编队空战队形优化算法[J]. 控制理论与应用,2010,27(10): 1418-1422.

[25] 王芳. 无人飞行器编队协同突防-攻击一体化队形优化设计及最优控制研究[D]. 哈尔滨:哈尔滨工业大学,2016.

[26] 常一哲,李战武,寇英信,等. 不确定信息条件下空战接敌队形选择方法[J]. 系统工程与电子技术,2016,38(11): 2552-2560.

[27] GIULIETTI F,POLLINI L,INNOCENTI M. Autonomous Formation Flight

[J]. IEEE Control Systems,2000,20(6): 34-44.

[28] POLLINI L,GIULIETTI F,INNOCENTI M. Robustness to Communication Failures within Formation Flight[C]//Proceedings of the 2002 American Control Conference,Anchorage,AK,USA: IEEE,2002: 2860-2866.

[29] YANG H, JIANG B, ZHANG Y M. Fault-tolerant Shortest Connection Topology Design for Formation Control[J]. International Journal of Control Automation and Systems,2014. 12(1): 29-36.

[30] KRICK L, BROUCKE M E, FRANCIS B A. Stabilization of Infinitesimally Rigid Formations of Multi-robot Networks[J]. IEEE Conference on Decision &Control, 2009, 82(3): 423-439.

[31] ANDERSON B D O, YU C, DASGUPTA S, et al. Controlling Four Agent Formations[J]. IFAC Proceedings Volumes, 2010, 43(19): 139-144.

[32] CAI X, DE QUEIROZ M. Rigidity-based Stabilization of Multi-Agent Formations[J]. Journal of Dynamic Systems Measurement & Control, 2014, 136 (1): 014-502.

[33] ARANDA M, LOPEZ-NICOLAS G, SAGUES C, et al. Distributed Formation Stabilization Using Relative Position Measurements in Local Coordinates [J]. IEEE Transactions on Automatic Control, 2016, 61(12): 3925-3935.

[34] SUTTNER R, SUN Z. Formation Shape Control Based on Distance Measurements Using Lie Bracket Approximations[J]. SIAM Journal on Control and Optimization, 2018, 56(6): 4405-4433.

[35] KWANG K O, HYO S A. Distance-based Undirected Formations of Single-integrator and Double-integrator Modeled Agents in n-dimensional Space[J]. International Journal of Robust&Nonlinear Control, 2014, 24 (12): 1809-1820.

[36] FERREIRA-VAZQUEZ E D, HERNANDEZ-MARTINEZ E G. Distance-based Formation Control Using Angular Information between Robots[J]. Journal of Intelligent&Robotic Systems, 2016, 83(34): 1-18.

[37] OH K K, AHN H S. Distance-based Control of Cycle-free Persistent Formations[C]//2011 IEEE International Symposium on Intelligent Control. IEEE, 2011: 816-821.

[38] WU Z, SUN J, WANG X. Distance-based Formation Tracking Control of Multi-agent Systems with Double-integrator Dynamics[J]. Chinese Physics

B，2019，27(6)：6-20.

[39] BAILLIEUL A S. Information Patterns and Hedging Brockett's Theorem in Controlling Vehicle Formations[C]//42nd IEEE International Conference on Decision and Control. IEEE，2003：556-563.

[40] PARK M C，OH K K，AHN H S. Modified Gradient Control for Acyclic Minimally Persistent Formations to Escape from Collinear Position[C]//2012 IEEE 51st IEEE Conference on Decision and Control. IEEE，2012：1423-1427.

[41] KANG S M，PARK M C，LEE B H，et al. Distance-based Formation Control with a Single Moving Leader[C]//2014 American Control Conference. IEEE，2014：305-310.

[42] PARK M C，JEONG K，AHN H S. Control of Undirected Four-agent Formations in 3-dimensional Space[C]//52nd IEEE Conference on Decision and Control. IEEE，2014：1461-1465.

[43] KWON S，TRINH M H，OH K，et al. Infinitesimal Weak Rigidity and Stability Analysis on Three-agent Formations[C]//2018 57th Society of Instrument and Control Engineers of Japan. IEEE，2018：266-271.

[44] KWON S，AHN H. Generalized Rigidity and Stability Analysis on Formation Control Systems with Multiple Agents[C]//2019 18th European Control Conference. IEEE 2019：3952-3957.

[45] 王寅，王道波，王建宏. 基于凸优化理论的无人机编队自主重构算法研究[J]. 中国科学：技术科学，2017，047(003)：249-258.

[46] 顾伟，汤俊，白亮，等. 面向时间协同的多无人机队形变换最优效率模型[J]. 航空学报，2018，40(6)：192-200.

[47] YU D，CHEN C L P. Automatic Leader-follower Persistent Formation Generation with Minimum Agent-movement in Various Switching Topologies[J]. IEEE Transactions on Cybernetics，2020，50(4)：1569-1581.

[48] HENDRICKX J M，FIDAN B，YU C，et al. Primitive Operations for Theconstruction and Reorganization of Minimally Persistent Formations[J]. MultiagentSystems，2006，62(21)：1-26.

[49] SMITH B S，EGERSTEDT M，HOWARD A. Automatic Generation of Persistent Formations for Multi-agent Networks Under Range Constraints[J]. Mobile Networks&Applications，2009，14(3)：322-335.

[50] LUO X Y,SHAO S K,ZHANG Y Y,et al. Generation of Minimally Persistentcircle Formation for a Muti-agent System[J]. Chinese Physics B,2014,23(2): 614-622.

[51] 罗小元,邵士凯,关新平. 多智能体系统最优持久编队自动生成[J]. 控制理论与应用,2013,30(02): 163-170.

[52] 罗小元,杨帆,李绍宝. 多智能体系统的最优持久编队生成策略[J]. 自动化学报,2014,40(07): 1311-1319.

[53] 王金然,罗小元,杨帆. 三维最优持久编队拓扑生成策略[J]. 自动化学报,2015,41(6): 1123-1130.

[54] DEHGHANI M A, MENHAJ M B. CommunicationFree Leader-follower Formation Control of Unmanned Aircraft Systems[J]. Robotics and Autonomous Systems, 2016, 80(1): 69-75.

[55] HAN T, GUAN Z H, CHI M, et al. Multi-formation Control of Nonlinear Leader-following Multiagen Systems[J]. Isa Trans, 2017, 69: 140-147.

[56] 王晶, 顾维博, 窦立亚. 基于 Leader-Follower 的多无人机编队轨迹跟踪设计[J]. 航空学报,2020, 41(S1): 88-98.

[57] SASKA M,BACA T,THOMAS J,et al. System for Deployment of Groups of Unmanned Micro Aerialvehicles in GPS-denied Environments Using Onboard-visual Relative Localization[J]. Autonomous Robots, 2017,41(4): 919-944.

[58] CHEN T,GAO Q,GUO M Y. An Improved Multiple UAVs Cooperative Flight Algorithm based on Leader Follower Strategy[C]//Shenyang: 2018 Chinese Control and Decision Conference(CCDC). IEEE. 2018: 165-169.

[59] TAN K, LEWIS M A. Virtual Structures for High-precision Cooperative Mobile Robotic Control[C]. Proceedings of IEEE/RSJ International Conference on Intelligent Robots and Systems. IROS'96. IEEE, 1996, 1: 132-139.

[60] 邵壮, 祝小平, 周洲, 等. 无人机编队机动飞行时的队形保持反馈控制[J]. 西北工业大学学报, 2015, 33(1): 26-32.

[61] 成成. 多无人机协同编队飞行控制关键技术研究[D]. 长春: 中国科学院大学(中国科学院长春光学精密机械与物理研究所),2018

[62] GIULIETTI F,INNOCENTI M,Napolitano M,et al. Dynamic and Control Issues of Formation Flight[J]. Aerospace Science&Technology,2005,9(1): 65-71.

[63] KIM S,KIM Y. Optimum Design of Three Dimensional Behavioural Decen-

tralized Controller for UAV Formation Flight[J]. Engineering Optimization, 2009,41(3): 199-224.

[64] 周子为,段海滨,范彦铭.仿雁群行为机制的多无人机紧密编队[J].中国科学:技术科学,2017,47(3): 230-238.

[65] 邱华鑫,段海滨,范彦铭.基于鸽群行为机制的多无人机自主编队[J].控制理论与应用,2015,32(10): 1298-1304.

[66] REN W,BEARD R W. Consensus of Information under Dynamically Changing Interaction Topologies[C]//Boston: American Control Conference,2004. Proceedings of the 2004. IEEE,2004(6): 4939-4944.

[67] 张凡.基于一致性理论的航天器编队协同控制方法研究[D].哈尔滨:哈尔滨工业大学,2010.

[68] KURIKI Y,NAMERIKAWA T. Formation Control with Collision Avoidance for a Multi - UAV Systemusing Decentralized MPC and Consensus-based Control[J]. SICE Journal of Control, Measurement, and System Integration, 2015,8(4): 285-294.

[69] 王超瑞.基于信息一致性理论的无人机编队控制算法研究[D].哈尔滨:哈尔滨工业大学,2017.

[70] 梁旭东.多机器人系统编队一致性研究[D].兰州:兰州交通大学,2018.

[71] KWON S, TRINH M H, OH K, et al. Infinitesimal Weak Rigidity and Stability Analysis on Three-agent Formations[C]//2018 57th Society of Instrument and Control Engineers of Japan. IEEE, 2018: 266-271.

[72] KWON S, AHN H. Generalized Rigidity and Stability Analysis on Formation Control Systems with Multiple Agents[C]//2019 18th European Control Conference. IEEE 2019: 3952-3957.

[73] PARK M C, KIM H K, AHN H S. Rigidity of Distance-based Formations with Additional Subtended-angle Constraints[C]//2017 17th International Conference on Control, Automation and Systems (ICCAS). IEEE, 2017: 111-116.

[74] 任锐,周浔,丁岩松.基于最优刚性编队分布式生成算法[J].装甲兵工程学院学报, 2012, 26(3): 74-78.

[75] GANGSHAN J, GUOFENG Z, WING J L H, et al. Weak Rigidity Theory and its Application to Multi-agent Formation Stabilization[J]. Siam Journal on Control&Optimization, 2018, 56(3): 2248-2273.